引黄泵站标准化规范化运行管理建设指南

孙耀民　编著

黄河水利出版社
·郑州·

内 容 提 要

引黄泵站标准化规范化运行管理是向建立现代企业管理制度迈进的重要步骤，要实现引黄泵站的现代化管理，不断提高劳动生产率，就必须推行泵站运行管理和设备维护检修的标准化规范化建设。本书围绕引黄灌区泵站操作、运行、管理及各项规章制度进行编写，主要内容包括泵站标准化规范化操作流程、运行要求及运行事故处理办法，以及渠道和渠系建筑物工程检查流程、调度管理操作流程、计量管理操作流程、信息化及自动化管理流程、输售水经营流程、泵站设备设施维修养护流程等的编制，旨在指导引黄泵站运行管理单位做好标准化规范化工作。

本书可供引黄灌区运行单位及水利行业相关专业技术管理人员阅读参考。

图书在版编目(CIP)数据

引黄泵站标准化规范化运行管理建设指南 / 孙耀民编著. —郑州：黄河水利出版社，2021. 6

ISBN 978 - 7 - 5509 - 3020 - 9

Ⅰ. ①引… Ⅱ. ①孙… Ⅲ. ①黄河 - 泵站 - 运行 - 管理 - 标准化 - 指南 Ⅳ. ①TV675 - 62

中国版本图书馆 CIP 数据核字(2021)第 123733 号

组稿编辑：王路平　电话：0371-66022212　E-mail：hhslwlp@163. com

　　　　　田丽萍　　　　66025553　　　　912810592@qq. com

出 版 社：黄河水利出版社　　网址：www. yrcp. com

地址：河南省郑州市顺河路黄委会综合楼 14 层　　邮政编码：450003

发行单位：黄河水利出版社

发行部电话：0371 - 66026940、66020550、66028024、66022620(传真)

E-mail：hhslcbs@126. com

承印单位：河南新华印刷集团有限公司

开本：787 mm×1 092 mm　1/16

印张：8. 75

字数：200 千字

版次：2021 年 6 月第 1 版　　印次：2021 年 6 月第 1 次印刷

定价：80. 00 元

前　言

党的十八大以来，习近平总书记多次就黄河流域生态保护和高质量发展情况做出重要指示，明确提出“节水优先、空间均衡、系统治理、两手发力”治水方针，为新时代的现代化灌区建设指明了方向。

尊村引黄灌区牢记总书记两次视察山西的殷切嘱托，主动抢抓国家战略机遇，向灌区上下发出“走进新时代，建设大引黄”的号召，率先在全省开展标准化规范化创建工作。“六大系统创新机构”统筹支撑，“标准手册系统规范”正本清源，“三个目标不忘初心”凝心聚力，灌区面貌发生了翻天覆地的变化。

结合黄河流域引黄泵站运行管理需求，针对大型泵站综合性、集成型性能强的特点，水利部“水利工程补短板、水利行业强监管”的总基调，赋予了泵站运行管理标准化规范化建设新的内涵要求。在新的形势下，迫切需要一份集系统性与专业性为一体的“工作指南”，便于在今后的工作中“一切在制度中找答案”。

为此，尊村引黄灌溉服务中心科学分析运行管理体制机制不活、管理改革弱化的现状，以改善工程管理环境及提高节能水平为目的，参考国内大型先进泵站管理方法，汲取近年来尊村引黄标准化规范化创建工作的实践经验，编写了这本《引黄泵站标准化规范化运行管理建设指南》。

本指南从 12 个方面系统介绍了泵站运行管理的基本方式方法和基本抓手。第 1 章总则介绍了本指南适用范围和要求；第 2 章介绍了引黄泵站工程运行管理现阶段管理方式、体系的建立与执行现状，以及现行的运行规程和管理制度；第 3 章从管理构架入手深入剖析了各组织单位岗位的职责；第 4 章至第 10 章针对引黄工程泵站操作流程、渠道和渠系建筑物工程检查流程、调度管理操作流程、计量管理操作流程、信息化及自动化管理流程及输售水经营流程等多方面的流程进行了系统科学的编制；第 11 章、第 12 章针对泵站设备的维修养护及地方管理制度进行了编制。

本书由孙耀民编著。在编写过程中，相保成、赵永安、张红兵等同志提供了素材及业务咨询帮助，在此对长期以来给予支持的领导和同事们表示感谢！另外，对当地水行政主管单位的大力支持也表示衷心的感谢！

由于引黄泵站标准化规范化运行管理无现成经验可循，亦无更深层次对实践的思考和探索，故本书难免存在诸多不完善之处，甚至遗漏差缺，敬请读者批评指正。

2021 年 1 月

前言

目　录

1 总 则

以习近平新时代中国特色社会主义思想为指导,贯彻落实“节水优先、空间均衡、系统治理、两手发力”治水方针,按照“水利工程补短板、水利行业强监管”的水利改革发展总基调,构建科学、高效的引黄泵站标准化规范化管理体系,加快推进泵站管理现代化进程。大中型引黄泵站标准化规范化管理应坚持政府主导、部门协作,落实责任、强化监管,全面规划、稳步推进,统一标准、分级实施的原则,指导引黄泵站运行管理单位做好标准化规范化管理工作,特编制本指南。

本指南适用于黄河流域内承担农田灌排及引水等部门的大型多级提水灌溉泵站的运行管理体系建设工作。

单站装机流量大于或等于 10 m^3/s 的泵站;

单站装机功率大于或等于 1 000 kW 的泵站;

小型泵站可参照执行。

泵站运行管理单位依据现行法律法规、规程和规范的要求,结合水源为黄河含沙水流的特点和工程管理实际开展标准化规范化体系编制工作。

泵站标准化规范化运行管理体系建设,要明确引黄泵站所有的管理事项,从管理事项着手,依据法律法规、规程和规范健全各项制度,并把管理事项落实到相关岗位、工作人员,做到管理事项、制度、岗位、人员相对应。

泵站标准化规范化运行管理体系建设,不仅需要组建高素质的管理团队、一流的设备设施,配套智慧信息平台,而且要建设符合实际、高效的泵站标准化规范化运行管理体系,并做好标识和记录。

2 引黄泵站工程运行管理认识

引黄泵站标准化规范化运行管理是向建立现代企业管理制度迈进的重要步骤，要实现引黄泵站的现代化管理，不断提高劳动生产率，就必须推行泵站运行管理和设备维护检修的标准化规范化管理。根据国家水利部《大中型灌排泵站标准化规范化管理指导意见》的要求，努力建成“设施完好、工程安全、运行节能、调度科学、站区优美、管理高效”的现代化泵站。为积极响应水利部号召，加快推进泵站管理现代化进程，不断提升泵站管理水平和服务水平，开展引黄泵站标准化规范化运行管理体系建设工作势在必行。

目前，全国各地引黄管理单位正在按照标准化规范化的要求进行创新管理团队，修订规程，完善相关管理制度。按照水利部颁布的《泵站工程管理考核标准》，对引黄泵站现场的各种生产活动制定了详细的考核标准，正在建立和完善标准管理体系，根据“全面成套、层次恰当、划分明确”的原则，逐步建立包含技术、管理、工作的三大标准体系，进一步提高标准化工作在生产、经营以及科学管理工作中的应用。按照安全、文明双达标的要求，不断提高管理水平，继续做好标准的宣传、贯彻和实施工作，使各项操作工作规范化、标准化。

2.1 管理方式

引黄泵站工程管理部门目前有三种：一是灌溉范围涉及两个县域及以上的，由市级水务局直管。二是灌溉范围为县区的，由县级水务局管理，市级水务局进行监督和指导。三是灌溉范围为乡镇及以下，地方自建自管，分别由地方水利部门及企业进行管理。

2.2 体系的建立与执行现状

在引黄泵站开始正式投入运行前，工程运行管理单位结合引黄工程运行实际情况制定并颁布当地引黄工程安全生产管理标准规章制度，制订安全生产的基本方针、原则目标；设立引黄管理单位、管理处（维修中心）、生产班组三级安全组织体系；明确各级生产运行单位行政正职为安全生产第一责任人的各级安全生产责任制；根据不同职能设置安全监察员、安全监督员和安全员等岗位，行使相应安全监督职能。此外，还应制定安全分析制度、事故调查处理程序及安全奖惩制度。明确规定各基层班组每周至少开一次安全生产例会，基层管理部门每月至少开一次安全生产例会，上级管理部门每季至少开一次安全生产例会。

2.3　现行的运行规程和管理制度

2.3.1　运行规程

为确保泵站的正常、安全运行，管理单位根据上级颁发的法规、典型技术规程、反事故技术措施、设备技术说明书等编制下发了引黄工程《泵站运行规程制度手册》《泵站机电设备检修规程》，对各泵站包括电动机、水泵、现地 LCU、静止变频器、励磁系统、直流系统、输变电系统、消防系统等 14 个系统的正常运行和巡回检查、操作、维护、事故处理、定期检修做了详细的规定，并通过《泵站运行操作手册》，规范了各类电气设备、机械设备在检修状态、冷备用状态、热备用状态、运行状态间进行切换操作的标准化操作流程。

2.3.2　现场管理制度和运行记录要求

针对引黄泵站运行的特点，制定设备管理制度、安全管理制度、备品备件管理制度、技术档案管理制度及泵站出入门管理制度等十余种管理制度；重点对巡回检查制度、交接班制度、设备定期切换制度、设备缺陷管理制度和“两票”的管理考核都需做明确的规定，包括规定运行记录、检修记录、预防性实验记录和运行周报、月报等各种报表的标准格式、填写内容和填写要求；制定值长、主值长和值班员岗位工作标准等。

2.4　存在的问题

2.4.1　引黄泵站工程和设备老化失修

引黄泵站工程是引黄供水赖以生存和发展的物质基础，工程状况的好坏直接影响着灌区生产的可持续发展。目前，我国引黄泵站设备陈旧，许多建设于 20 世纪七八十年代，运行可靠性差，能源消耗较高，创新性难以保证。许多基础设施年久失修，经常带“病”工作，水资源得不到合理使用，造成浪费水资源。

2.4.2　供水计量设施落后

目前，我国黄河下游引黄泵站没有统一的水量计量测验标准，泵站和渠系受泥沙的影响，观测人员又为非水利专业人员，加上没有统一的观测规范标准，引水量测验、资料编整不规范，任意性大，造成引黄测验误差较大。我国黄河下游引黄泵站普遍采用测速仪、溢流堰等传统的水力学计量方式，受人为因素，以及干渠及引水闸上下游冲淤的影响，计量精度不高。这种情况不仅影响黄河下游水量统一调度，对黄河下游水资源量的准确计算、优化配置、合理利用造成很大困难，也直接影响了引黄供水的精确计量，对黄河水资源管理造成困难。

2.4.3 运行管理手段落后

我国引黄工程的管理设施没有融合互联网现代化，各单位操作人员对泵站运行管理依旧实行人工操作制度，涉及内容和细化深度与互联网时代脱轨，管理单位尚未形成“互联网+”新时期新时代信息技术应用体系，泵站引水及计量管理的规章制度仍是薄弱环节，有待于进一步加强和规范。

2.4.4 引黄泵站系统管理体系尚未形成

没能结合工程运行的实际，建立高效的标准化规范化管理体系。

3　管理构架编制

3.1　组织构架

为适应新时代要求，引黄泵站标准化规范化运行管理需要组建高素质的管理团队。为确保泵站有序运行，引黄泵站管理单位的组织构架一般设置6个系统，分别为行政系统、党群系统、生产系统、经营系统、工程系统、监督检查系统，如图3-1所示。跨县灌区各县（市、区）拟设水管系统。

3.2　单位职责

3.2.1　职责

为已建水利工程正常运行提供管理保障。水利工程政策法规与技术标准拟定、工程注册、工程安全鉴定、工程运行管理、水利工程安全监测仪器认证、质量检测。市政府、市水务局交办的其他事项。

3.2.2　系统划分

一般可分为6个系统开展工作，分别是：

（1）行政系统：办公室、后勤服务中心、劳动人事科、财务供应管理科。

（2）党群系统：党委办公室、工会办公室、离退休人员管理科。

（3）生产系统：调度中心、提水运行安全管理科、提水运行安全管理站。

（4）经营系统：输售水管理科、输售水管理站、资产管理科及试验站。

（5）工程系统：技术委员会办公室、基本建设工程管理办公室、信息中心、工程运行维修管理科。

（6）监督检查系统：纪委办公室、公安科（稽查监察大队）、计量管理科、劳动人事科（考核办职能）、财务供应审计科（审计职能）。

3.3　岗位职责

3.3.1　提水运行安全管理科岗位职责

3.3.1.1　科室岗位职责

（1）承担单位各提水运行安全管理站的生产及安全管理工作，牵头组织提水生产运

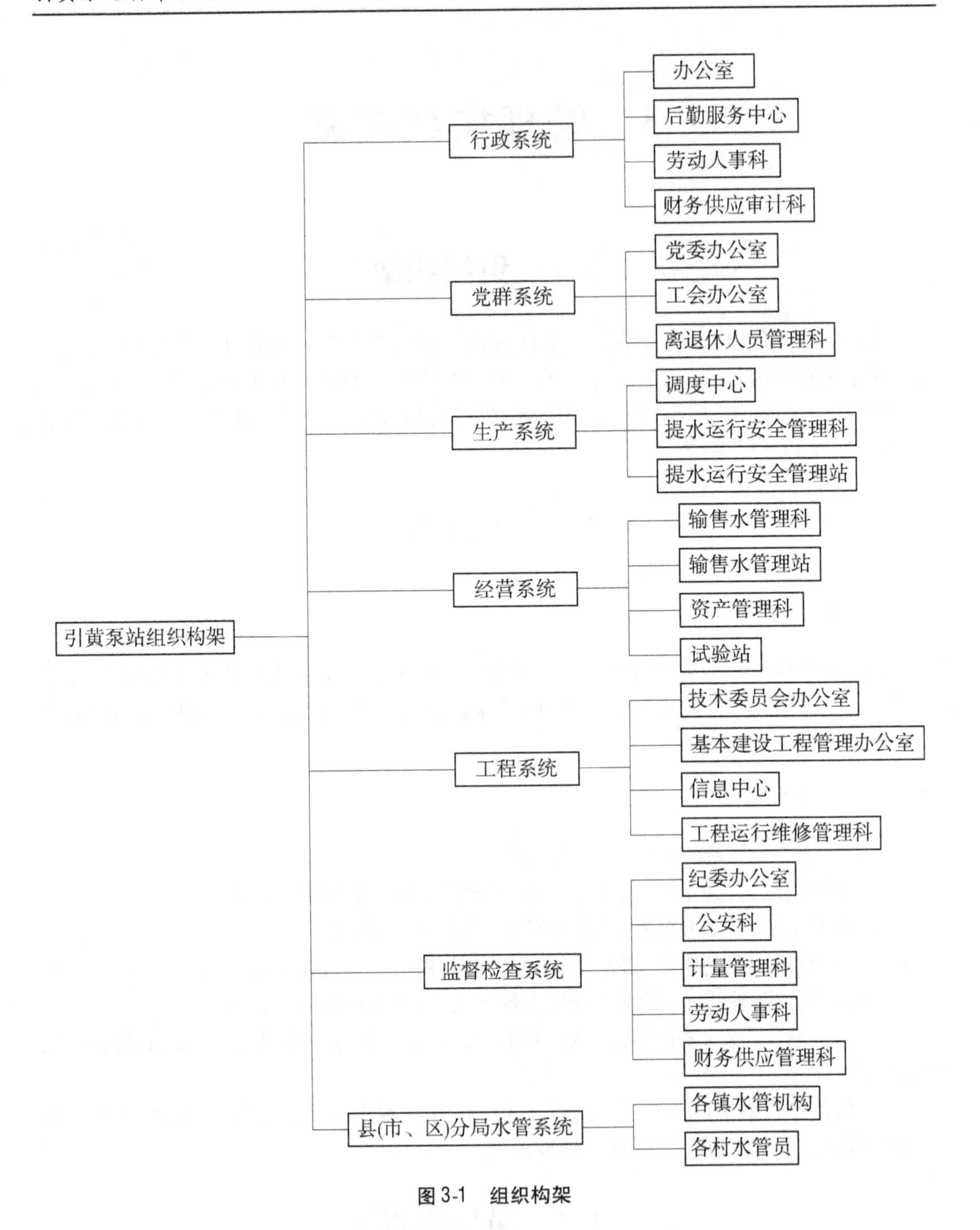

图 3-1　组织构架

行安全的一切事务。

(2)根据灌溉任务计划及调度指令,组织各提水运行安全管理站及时完成提水生产任务,并考核各泵站生产任务、能源单耗指标等完成情况。

(3)负责各提水运行安全管理站的安全生产工作,做到随启随停,无安全事故;减少供需水矛盾,确保供水及时率;安全管理区域为各提水运行安全管理站进水口至出水口之间，各提水运行安全管理站沉沙池，对各提水运行安全管理站水质进行监管。

(4)协助调度中心与市、县(区)电业部门的供用电应急事务，确保生产供电，并协同财务科做好电费结算工作。

(5)审核各提水运行安全管理站机电设备试验、运行、维护、检修计划，对改造维护计划进行监督或直接组织实施。

(6)指导经营系统内机电运行(维修)改造工作。

(7)协助工程系统完成新建工程机电设备采购工作。

(8)参与新建改建泵站工程竣工验收，并对质量保证金支付签署意见。

(9)完成单位领导交办的其他工作。

3.3.1.2 科长岗位职责

(1)负责主持提水运行安全管理科的全面工作。

(2)加强提水运行安全管理科人员思想政治工作，牢固树立为本单位服务的思想，组织人员进行政治理论和业务学习。

(3)负责制定、落实和验收各提水站机电设备大修管理工作。

(4)负责各提水站工作任务制定和完成情况考核。

(5)督促检查各提水站加强设备运行维护保养工作，保证设备完好率和安全生产率。

(6)督促检查各提水站标准化规范化体系建设。

(7)完成领导交办的其他任务。

3.3.1.3 副科长岗位职责

(1)协助科长负责制定、落实和验收各提水站机电设备的大修管理工作。

(2)督促检查各提水站加强设备运行、维护保养工作，保证设备的完好率和安全生产率。

(3)监督生产系统安全生产，确保无安全责任事故发生。

(4)监督并考核节能降耗、供水及时率、水源保证率等指标。

(5)协同办理生产电费支付，确保生产用电。

3.3.1.4 设备管护岗位职责

(1)负责各提水站机电设备维修保养，保证设备完好率。

(2)协助制订设备大修计划，协助完成设备大修验收和决算工作。

(3)负责各提水站节能降耗工作落实及能源单耗核算。

(4)负责各提水站电力负荷联系，处理电力调度问题。

(5)协助电费结算。

(6)完成领导交办的其他工作。

3.3.1.5 档案管理岗位职责

(1)负责传达上级文件精神，向各提水站传达中心文件。

(2)负责建立完善各项生产规章制度。

(3)负责收集与整理各提水站运行报表。

(4)负责汇编和管理档案资料。

(5)完成领导交办的其他任务。

3.3.2 提水运行安全管理科岗位标准

3.3.2.1 科长岗位标准

(1)本科室内部管理和队伍建设富有成效,工作任务目标全面完成。

(2)有关工作部署、重要会议精神和决定事项督办及时有效。

(3)各项组织协调工作顺畅有序。

(4)完成领导交办的其他工作及时高效。

3.3.2.2 副科长岗位标准

(1)协助科长完成各项工作任务,保证科室日常工作正常运转。

(2)及时高效完成领导交办的其他工作。

3.3.2.3 设备管护岗位标准

(1)监督各提水站要做到规范运行,保证中心各提水站安全生产率大于98%,每年节能降耗工作取得成效,及时处理电力调度问题,保证各提水站负荷用电。

(2)监测各提水站设备运行情况,及时维修故障设备,定时保养运行设备,保证设备完好率,电费结算及时准确。

3.3.2.4 档案管理岗位标准

文件传达及时,各提水站制度完整适用,报表收集及时完整,数据真实可靠,资料汇编整齐,档案管理规范。

3.3.3 提水运行安全管理站岗位职责

(1)执行党纪法规及单位工作制度规定,落实党风廉政建设责任制,履行一岗双责。

(2)负责全站安全生产及各项任务指标的完成。

(3)负责站前水质监测,确保水质安全。

(4)建设标准化规范化泵站,建立管理站各项制度并负责督促落实。

3.3.3.1 站长岗位职责

(1)主持管理站全面工作。

(2)执行国家法律法规及单位工作制度规定,落实党风廉政建设责任制,履行一岗双责。

(3)负责全站安全生产及各项任务指标的完成。

(4)负责站前水质监测,确保水质安全。

(5)建设标准化泵站,建立管理站各项制度并负责督促落实。

3.3.3.2 副站长岗位职责(兼安全员、观测员)

(1)负责完成安全生产任务及维修计划报批、实施工作。

(2)负责工会工作、人员考勤、机电运行、职工安全教育及业务培训等。

(3)负责对全员工作纪律进行监管。

3.3.3.3 机电运行及检修工岗位职责

(1)按各项规章制度执行机电操作流程,严格执行调度指令开停机。

(2)按规定巡查设备,做好值班、运行、巡查记录。

(3)熟悉设备事故应急预案并及时处置出现的问题。

(4)负责当班安全生产、能耗达标及水质取样化验工作。

(5)负责定期对机电设备进行保养维护,并做好设备维护保养记录。

3.3.3.4　**办公室内务岗位职责**

(1)负责会议、信息、保密、宣传及后勤保障等工作。

(2)承担站内党建、党风廉政建设、综治、普法、精神文明建设等工作。

(3)按照水利部《水利工程建设项目档案管理规定》建立完整的技术档案。

(4)对工作人员进行考勤并做好记录。

(5)负责本单位各类工作信息的收集、整理、编写和审核,积极宣传报道本单位的日常管理、重大活动,及时宣传本单位的先进典型及事迹。

3.3.3.5　**财务代办兼统计员岗位职责**

(1)工作归口财务供应管理科领导,负责站内考勤管理,遵守财经纪律和财务会计制度,严格开支范围和开支标准。

(2)确保财务资料手续完备、数字准确、书写规范、登记及时、账面清楚,并妥善保管。

(3)统计汇总提水量、机电设备运行台时、能源单耗等数据,按要求定期上报提水运行安全管理科。

(4)负责安全生产报表、经营分析报告、旬报表等资料的统计上报工作。

3.3.3.6　**挖掘机运行及检修工岗位职责**

(1)遵守水源运行规章制度及挖掘机操作规程。

(2)按指定路线、时间完成水源补水任务。

(3)做好挖掘机维护保养工作。

3.3.3.7　**水质监测员岗位职责**

(1)按化验规章制度及操作规程,定期取样检测水质,做好检测记录。

(2)将标准物质及各类试剂妥善保存,保持实验室清洁卫生。

(3)水质监测发现异常后立即上报提水运行安全管理科,避免发生水质公共安全事件。

3.3.3.8　**沉沙池管护员岗位职责**

(1)负责沉沙池水量调控、闸门维护保养工作。

(2)负责堤坝日常巡视巡查记录和水位观测,确保沉沙池安全运行。

3.3.3.9　**退水渠管护员岗位职责**

(1)定期对退水渠道进行巡护,若发现隐患及时处理,逐级上报。

(2)保障退水渠道畅通,确保干渠输水安全并对退水量第一时间准确计量建立台账。

3.3.3.10　**管线巡护员岗位职责**

(1)负责输水管道安全运行。

(2)定期巡查排气阀、泄水阀等设施,保证设备功能完好。

(3)及时发现管道突发事故并进行应急处理。

3.3.3.11　**线路巡护员岗位职责**

(1)定期巡查高压线路,建立巡查台账,若发现隐患,及时上报。

(2)及时清理高压设备周边杂物,确保高压线防护安全可靠。

3.3.3.12 变电站值班运行员岗位职责

(1)按规章制度监盘并按规定线路及时巡查,按要求填写巡查记录和运行记录。

(2)负责电气设备检修保养工作,确保零事故。

(3)负责与市电力公司联系供电事宜。

3.3.3.13 安全员兼观测员岗位职责

(1)负责协助站长制订机电运行事故应急预案。

(2)全力保障辖区水质安全。

(3)严格履行安全监管职责,确保抢险用具、物资齐备。

(4)组织安全技术培训,定期开展应急救援演练。

(5)根据《泵站管理技术规程》开展工程观测工作并建立台账,负责观测设施设备的保管维护。

3.3.3.14 司机岗位职责

(1)遵守公务用车使用纪律,遵守交通法规,确保安全行驶。

(2)做好车辆日常保养,定期检查车辆,确保车况良好,正常运行。

3.3.3.15 炊事员岗位职责

(1)负责采购新鲜食材,确保食品卫生安全。

(2)负责食堂环境卫生清洁,烹饪炊具定期消毒。

(3)妥善处理厨余垃圾。

3.3.3.16 门卫岗位职责

(1)负责外来人员登记及车辆停放。

(2)负责报刊、信件的收发登记。

(3)负责管理站指定区域卫生。

(4)定期巡查厂房、围墙周边安全,若发现特情,及时处置。

3.3.4 提水运行安全管理站岗位标准

3.3.4.1 站长岗位标准

(1)做好主持管理站内全面工作。

(2)落实执行好中央、省市党纪法规及中心工作制度规定,以及党风廉政建设。

(3)做好全站安全生产和各项任务指标的完成。

(4)做好水质检测,确保水质安全。

(5)主持建设好标准化规范化泵站,建立、完成、监督好管理站各项制度工作。

3.3.4.2 副站长岗位标准

(1)做好安全生产工作、维修计划报批、隐患排查治理等工作。

(2)管理工会职工、基站器械等工作。

3.3.4.3 机电运行及检修工岗位标准

(1)做好安全生产工作、维修计划报批、隐患排查治理等工作。

(2)管理工会职工、基站器械等工作。

3.3.4.4 办公室内务岗位标准

(1)及时完成管理站各种内勤工作。

(2)做好站内各种党风党建宣传工作。

(3)依照相关水利规定做好完成的技术方案。

(4)做好员工考勤、信息管理、宣传本单位优秀事迹。

3.3.4.5 财务代办兼统计员岗位标准

(1)做好站内考勤管理,严格执行站内规章制度、办法等,并按制度、办法等履行会计职务。

(2)妥善保管财务资料、证件印章。

(3)及时统计汇总总提水量、机电设备工作时数据,定期上报数据给提水运行安全管理科。

(4)负责站内办公相关数据等资料上报工作。

3.3.4.6 挖掘机运行及检修工岗位标准

(1)严格遵守水源运行规章制度及挖掘机操作规程。

(2)做好水源补水任务。

(3)负责好挖掘机维护保养工作。

3.3.4.7 水质监测员岗位标准

(1)做好水源地水质检测工作并记录检测结果。

(2)负责将各种试剂妥善保存,保持实验室清洁卫生。

(3)若出现问题及时上报提水运行安全管理科。

(4)维护好水利设施,使其正常运行。

(5)协助好项目现场的施工管理工作。

3.3.4.8 沉沙池管护员岗位标准

(1)做好沉沙池水量调控工作、漂浮垃圾清理,以及闸门维护保养工作。

(2)及时完成堤坝日常巡视巡查记录和水位观测,保证沉沙池安全运行。

3.3.4.9 退水渠管护员岗位标准

(1)遵纪守法,遵守纪律,管护员定期对退水渠道进行巡护,若发现问题,及时处理,逐级上报。

(2)保障退水渠道畅通,确保干渠输水安全并对退水量第一时间准确计量,建立台账。

3.3.4.10 管线巡护员岗位标准

(1)掌握输水管道的基本知识。

(2)掌握正确的巡查路线与内容,定期巡查排气阀、泄水阀等设施,保证设备功能完好。

(3)做好记录并及时报告。

3.3.4.11 配水员岗位标准

(1)全心全意为农业服务。

(2)多观测、检查,有问题及时处理。

(3)调配水及时,观测记载及时,做好用水记录。

(4)做好配水渠道管护、养护工作。

3.3.4.12 线路巡护员岗位标准

(1)按要求完成巡线工作,并按要求详实记录。

(2)及时发现问题,按要求处理。

(3)制止破坏高压设备的人为损坏或重大违章占压、违章施工行为。

(4)发现并汇报重大安全隐患或潜在重大风险。

3.3.4.13 变电站值班运行员岗位标准

(1)掌握设备运行工况、运行方式,及时发现设备缺陷、异常,根据上级下达的电压、无功指标,监视设备运行,不发生错漏情况。

(2)负责电气设备检修保养工作,确保零事故。

(3)负责与市电力公司联系供电事宜。

(4)做好值班运行员的监护和指导工作。

(5)认真负责不推诿。

3.3.4.14 安全员兼观测员岗位标准

(1)协助领导做好安全生产管理工作。

(2)发现有违章指挥、违章作业的行为和不安全状态时能够立即纠正。

(3)认真填写安全资料,建立管理台账,参加班组安全活动,及时检查班组安全活动记录,验收安全设施及机械安全装置。

(4)根据《泵站管理技术规程》开展工程观测工作并建立台账,负责观测设施设备的保管维护。

(5)按时、按质、按量完成工作。

3.3.4.15 司机岗位标准

(1)严格遵守国家关于公务用车使用的有关法律,确保安全行驶。

(2)热情服务、谦虚谨慎、遵守劳动纪律、确保行车安全。

(3)严谨未经批准私自用车。

(4)做好车辆日常保养,定期检查车辆,确保车况良好、正常运行。

3.3.4.16 炊事员岗位标准

(1)必须持健康证上岗,做好个人卫生,坚持做到"四勤"(勤洗手、勤理发、勤换工作衣帽、勤洗被褥)。

(2)负责食堂环境卫生清洁,烹饪炊具定期消毒。

(3)负责采购新鲜食材,确保食品卫生、安全。

(4)妥善处理厨余垃圾。

3.3.4.17 门卫岗位标准

(1)严格按照规定时间站岗、值班、巡逻。

(2)做好外来人员管理登记工作。

(3)负责外来人员登记及车辆停放。

(4)负责管理站指定区域卫生。

(5)定期巡查厂房、围墙周边安全,若发现特殊情况,及时处置。

3.3.5 调度中心工作职责

3.3.5.1 科室岗位职责

(1)根据工业、农业、城市、生态等用水需求,统计分析拟定用水计划,编制确定和下达用水计划及调度指令。

(2)协同提水运行安全管理科做好提水运行安全管理站的随启随停、及时率的考核工作。

(3)协同输售水管理科做好输水售水计划下达及指标考核,协调提水运行安全管理、输售水管理、计量管理、信息中心的业务工作,对调度"发现问题告知单"处理结果跟踪并反馈考核监督部门。

(4)负责提水运行安全管理站的供用电业务日常联系事宜。

(5)做好上传下达,科学分析,及时报送生产情况统计表,为中心工作进展提供准确依据。

(6)培训各管理站调度人员,指导站级调度工作。

(7)完成中心领导交办的其他工作。

3.3.5.2 主任岗位职责

(1)负责调度中心全面工作。

(2)加强调度中心人员思想政治工作,组织人员进行政治理论和业务学习。

(3)负责灌区全年用水的科学调度工作,确保农业、工业、城市、生态用水需求。

(4)负责灌区上下游平稳运行、均衡受益。

(5)负责制订输售水管理站用水计划的申报、下达及执行工作,确保全灌区均衡受益。

(6)负责各提水安全运行管理站的随启随停、及时率的考核工作。

(7)按时完成领导交办的其他工作。

3.3.5.3 主调岗位职责

(1)编制好灌区用水计划,协调好上下游计划用水,确保上下游均衡用水。

(2)指挥全灌区供水生产调度工作;统计、分析、编制和下达用水计划,合理调配水量;渠道输水平稳,上下游均衡受益;及时准确地掌握渠道的实际输水能力、泵站提水能力及设施设备运行状况,最大限度地满足灌区的用水生产需求。

(3)及时准确地下达生产调度指令,及时汇报供水生产情况。

(4)联系电力系统供电事宜。

(5)及时将管理站反映的问题分类汇总、报主任审批后送达相关科室和领导。

3.3.5.4 副调岗位职责

(1)协助主调度员指挥供水生产调度。

(2)协助主调下达调度指令、通知和命令等,及时反馈有关情况。

(3)协助主调做好用水情况统计,记录完整、整理及分类。做好天气预报记录,合理调度。

(4)准确接收和记录供水生产各项数据,整理调度资料。

3.3.5.5 统计内勤岗位职责

(1)协助主任整理汇编调度中心所有文书资料并存档管理。

(2)下发调度发现问题督办单并督促落实。

(3)参与考核灌区站计划用水、提水站即开即停、及时率等指标。

(4)承担中心涉外调度中心功能展示讲解。

(5)每日上报供水日进度表。

(6)灌溉数字的统计、归类、上报。

(7)起草并印发科室各类文件。

3.3.6 调度中心岗位标准

3.3.6.1 主任岗位标准

满足全灌区各用水单位用水需求,确保渠道输水平稳,均衡受益。

3.3.6.2 主调岗位标准

(1)编制灌区用水计划,并督促执行到位。

(2)准确、及时地下达调度指令,合理调配水量,确保渠道输水平稳,均衡受益。

3.3.6.3 副调岗位标准

(1)准确下达、接收各项调度指令,做好调度记录。

(2)准确接收和记录各项供水生产数据,做好各项调度台账。

3.3.6.4 统计内勤岗位标准

(1)完成统计资料、报表上报工作,计算、核对水费收入,做好报表汇总工作,保证数据准确。

(2)文档管理完整有序,完成领导交办的其他工作及时高效。

3.4 岗前培训

3.4.1 运行前的培训

(1)泵站的运行检修人员正式上岗前需要进行为期6个月的专门培训,培训结束后参与泵站机电设备安装、调试等工作,对泵站的设备及系统有初步的了解和认识。

(2)为适应泵站和输水运行的需要,在运行机构成立后,对所有人员进行培训、考核,并结合实际,现场组织各种管理制度、运行规程、值班、巡视、记录台账和报表的填写等各种具体工作内容的培训及考核。泵站现场巡视培训如图3-2所示。

(3)根据岗位工作标准要求,明确不同岗位的上岗条件,初步建立一批能适应泵站运行的职工队伍。

3.4.2 运行过程中的培训

引黄工程各泵站技术复杂程度比较罕见,只有不断提高职工的素质,使职工能熟练掌

图 3-2 泵站现场巡视培训

握设备性能和操作技能，培养出一批适应泵站生产运行的优秀人才，才能保证系统的安全运行。运行管理部门应制订详细的年度计划和长期培训计划，通过分期、分批的业务及素质培训，为企业的现代化管理培养合格人才。

目前，正在实施的岗位技能培训是培训计划的第一步，通过对泵站机泵及其辅机系统、变配电系统、继电保护系统和现场控制系统等的培训，使运行检修人员熟练掌握运行设备的工作原理、作用和操作要领等内容。

在运行中开展经常性的事故预想和反事故演习，并由生产管理部门审查制订出正确的事故处理预案，定期进行有组织的反事故演习，使运行人员掌握处理事故的实际操作技能。另外，建立事故案例分析制度，泵站发生事故后，运行管理部门会按照事故调查规程写出事故调查报告，以案例形式下发到各泵站，使全系统职工吸取教训，并采取措施杜绝同类事故的发生。

4 操作规程编制

4.1 一般规定

第一条 为加强泵站运行管理，规范管理流程，提升管理水平，制定本规定。

第二条 泵站运行管理的主管部门为提水运行安全管理科，全面负责泵站的设备运行、检修、安全，紧急故障处理，任务制定和考核等。

第三条 各站完成上级部门年初下达的提水任务、能源单耗指标、水源保证率指标，安全运行率100%，开、停机及时率100%。

第四条 定期巡视检查设备，每2 h记录1次运行参数，如遇特殊情况，增加巡查次数和记录次数。

第五条 保持设备标识标牌和颜色齐全统一，各类指示、开关位置正确，防护设施安装可靠。

第六条 投运机组少于装机台数的时段，运行期间，应轮换开机。冬季非运行期间，应排净设备及管道内积水。

第七条 运行人员的分工和职责

（1）值班长是本班负责人，负责接受和执行调度命令、机组安全运行、能耗达标及检修工作。

（2）值班长应掌握设备的技术状况，保证运行和检修质量，对本班的安全运行工作负责。

（3）带头执行各项规程、规章制度，有责任向站长、提水运行安全管理科汇报运行情况。

（4）有权在紧急情况下决定停止正在运行的设备，并及时上报和组织本班人员进行抢修，防止事故的发生和扩大。

（5）有权根据运行情况对本班人员进行调度分工和增加观测项目。

（6）按时认真填写运行班报表及交接班记录，完成交接班工作。

（7）根据站长安排，带领本班人员进行机组检修和设备巡查。

第八条 运行值班制度

（1）值班人员按程序准时办理交接班手续。

（2）严格执行调度指令，保证正确合理，按时开、停机，如遇特殊情况不能执行的，应及时向调度中心说明情况。

（3）严格遵守安全操作规程，杜绝违章操作，认真填写操作记录。

（4）严格按照巡视路线完成设备巡视及运行数据监测工作，并做好设备巡视、监测、记录工作（1次/2 h），确保设备运行安全。设备发生异常时，应及时处理。发生设备、人身安全等重大事故时，应立即采取应急措施，并向有关部门汇报。

（5）值班人员要按时填写值班记录、运行记录和巡查记录，并要求记录清楚、正确、详细。

（6）值班室、控制室、厂房内等工作场所严禁吸烟、玩游戏、打牌、看电视等与工作无关的事宜，值班期间不得饮酒。

（7）值班期间，不得迟到早退，不得擅离职守，不得随意换岗、顶岗，不准睡觉。严格履行请销假手续。吃饭须轮换，严禁无人在岗值班。

（8）值班人员应着装整齐，不准穿背心、短裤、裙子、拖鞋和高跟鞋值班；女职工在当班时不准长发披肩。

（9）保持值班室清洁卫生，每天交接班前由交班人员打扫值班室，包括地面、桌椅柜子、各类台面、室内设备等，由接班人员检查（值班室、高低压室内使用吸尘器打扫，不得使用扫帚，避免扬尘；高压室地面使用甩干拖布清理），每月组织一次厂房全面大扫除；每灌季组织一次电气设备内部除尘清扫活动。

第九条 交接班制度

（1）交接班工作由各班班长负责完成。

（2）接班组必须提前 10 min 进入值班室，交班组提前做好交班准备工作。

（3）接班前，交班组与接班组一起巡视机电设备运行情况、卫生情况，并记入值班记录的运行记事栏，双方人员在值班记录、机电运行记录的相应处签字确认。交接工作完成后，交班人员方可离开。

（4）交接班时，双方人员要在值班运行记录本上签到和签退，一方未签字或签字人员不全（请假人员除外），另一方不得交班或接班。值班签字要写全名，不得代签。

（5）如果接班人未能按时接班，交班人应电话联系并报告站领导，并继续履行值班责任，不得离开工作岗位。

（6）在交接班过程中，若发生倒闸操作或事故异常情况，由交班人员负责处理，接班人员协助；完成交接班手续后，交班人员尚未离开，若发生倒闸操作或事故异常情况，由接班人员进行处理，交班人员协助。

（7）交班人如果发现接班人有饮酒或身体明显不适的情况，交班人不得交班，并立即向站领导报告。

第十条 开停机制度

（1）运行人员开机前要做好一切准备工作（检查油位、技术供水、仪表指示，电气绝缘测定，水泵盘车，观测前池水位等）。

（2）严格执行调度命令，及时开、停机，确保开停机及时率 100%，开、停机操作完成后做好记录并向调度报告。

（3）机组运行应尽可能保持在正常水位时运行，若水位过低引起机组出水量下降、机组出现振动等情况，应立即请示调度停机。

（4）如需高水位运行，应安排专人监测水位。若水位高过警戒线，应及时请示调度加机。

（5）如需机组压闸运行，要做好压闸运行记录并密切注意机组运行情况，尽量减少压闸运行时间，每日不超过3次，每次不超过5 h。

(6)运行过程中，若机组出现振动、出水量急剧下降等异常情况，应立即请求调度停机检查。

(7)运行过程中，若出现设备或人员伤亡等重大事故，可不请示调度，由运行班长直接下令停机，再向调度及提水运行安全管理科报告。

第十一条 设备巡查制度

(1)为保证机电设备正常运行，各班组应定时定期对机电设备进行现场巡查，及时发现安全隐患并处置，同时做好记录。

(2)机电设备巡查主要内容：

①监视电动机的电流、电压、温度、水泵流量等是否正常，如有异常，应分析原因并采取相应措施；

②检查轴承的润滑及温度是否正常，检查技术供水系统运行是否正常；

③检查进出水管道、闸阀、清污机等设施是否正常；

④检查配电系统各项指标是否正常，及时处理各种接触不良现象；

⑤定期对高压供电线路进行检查，及时排查隐患。

(3)运行的设备值班员每2 h巡查1次，停运的设备每季度开展1次全面巡查，并及时处理巡查发现的问题。

第十二条 事故发生后值班人员要保持冷静，按《事故应急预案》《生产安全事故处理制度》有关规定操作，采取积极有效的安全措施，防止事故危害扩大，出现人员伤亡时要及时抢救。

第十三条 加强机电设备的维护保养，保证机电设备完好率和出勤率。

第十四条 工程大修项目组织实施流程如图4-1所示。

(1)设备设施出现故障、缺陷时，值班班长应及时报告站长，站长组织人员分析原因，提出解决方案，向提水运行安全管理科提交大修报告和大修预算。

(2)提水运行安全管理科审核并经分管副局长同意后，由遴选的施工企业报价。10 000元以上的大修项目，提水运行安全管理科比选后呈报局长办公会议研究。

(3)遴选出的施工企业实施大修项目，服从各站现场管理。各站要确定大修负责人和现场安全员，负责监督和指导大修过程的工艺、质量、进度、安全等工作。

(4)质量验收实行施工企业、管理站、引黄总局三级验收。大修完成后，先由施工企业自检，再由管理站完工验收和试运行，引黄总局组织相关科室进行竣工验收，验收合格后大修项目正式完成。

(5)大修项目按照"谁实施，谁决算"的原则，填写决算表报提水运行安全管理科，领导审批后以实结算。超出预算的项目由提水运行安全管理科呈报局长办公会议研究决定。

第十五条 泵站所有人员要认真学习和遵守各项工作制度，熟练正确使用各类安全防护用具，杜绝"三违"现象，规范操作，安全运行。

第十六条 事故应急演练每年举行2次，消防演练每年举行1次，所有人员熟练掌握应急处置措施和消防器材使用方法。

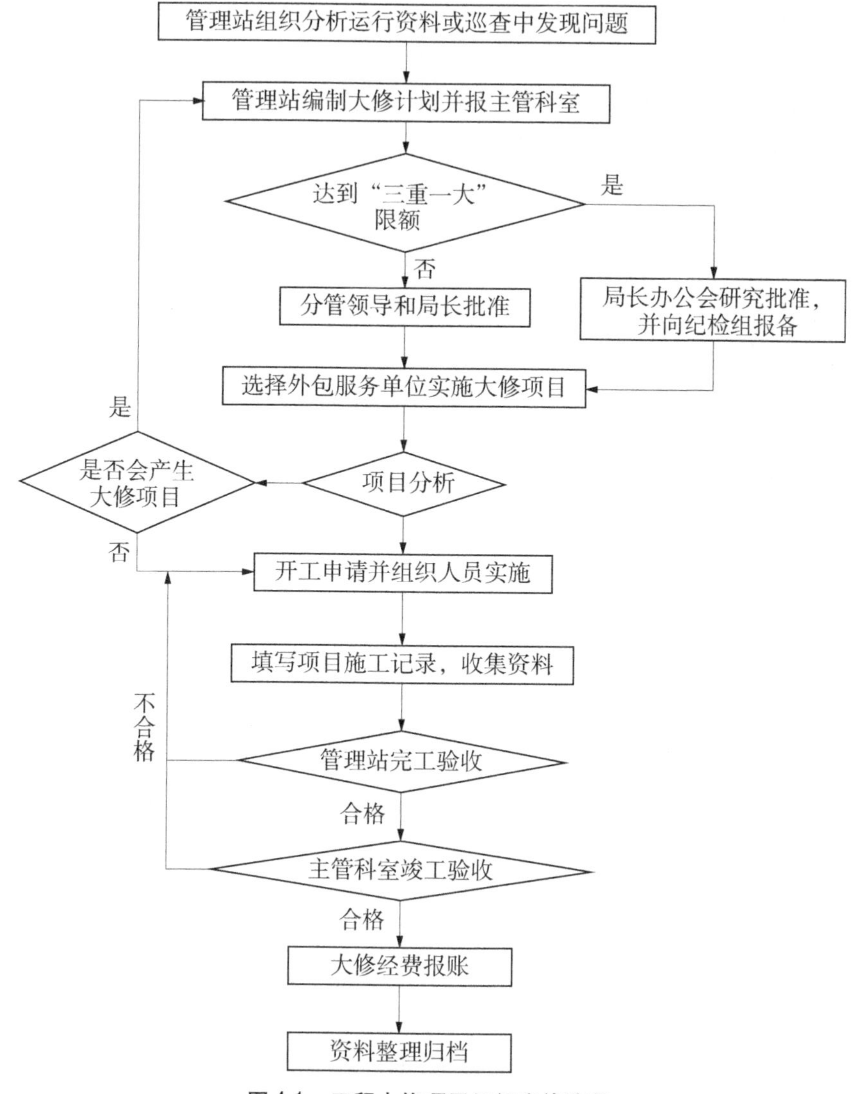

图 4-1 工程大修项目组织实施流程

第十七条 严格做好易燃易爆物品的管理,易燃易爆物品应由专人保管,分类存贮,按要求实行出入库登记。消防器材按规范定点放置,设卡登记,专人管理,每月检查 1 次,使用过或不符合要求的消防器材需及时更换。

4.2 运行要求

第一条 为了加强引黄泵站设备设施维修养护项目管理,保证维修养护质量,严格控制经费使用,规范项目管理行为,特制定本规定。

第二条 本规定适用于由生产经费列支的泵站设备设施维修养护项目。

第三条 维修养护是指对已建工程日常检查发现的缺陷和问题,随时进行保养和局部修补,以保持设备设施完整清洁,操作灵活。按照《泵站设备设施维修养护实施方案》对设备设施进行调整、润滑、紧固、清洁、易损件的更换等工作。维修养护费用主要用于泵站建筑物、机电设备、辅助设备、输变电系统、闸门启闭机、输水管路设施、附属设施的维修养护和物料动力消耗等。附属设施包括管理房、站内道路、围墙护栏、管理标志牌等。

第四条 各站站长是维修养护项目第一责任人,对项目实施的安全、质量、工期以及真实性负总责,确保经费正常使用。

第五条 维修养护项目实行年度计划审批,每年初各站向总局申报年度维修养护计划,经提水运行安全管理科审核后,总局会议研究批准。

第六条 维修养护项目实行月度申报审批和决算报账,各站可以按月向提水运行安全管理科申报维修养护计划,经提水运行安全管理科审核、分管副局长审批后实施。维修养护工作完成后,各站组织完工验收,质量合格的,每月 25 日前进行决算,按月报账。经费决算原则上不得突破审批预算。

第七条 维修养护项目实行抽查验收,提水运行安全管理科组织财务供应审计科和纪委办公室,对已完成的维修养护项目进行抽查验收,每灌季至少 1 次。

第八条 维修养护经费与各站的运行台时挂钩,按月实施,维修养护费用预算超过 10 000 元,按“三重一大”上会研究报备。各站年度维修养护经费原则上不得突破总局年初核定的总额。

第九条 维修养护应按相关的规范施工,做好记录,必要时保留影像资料,施工资料应及时整理归档。

第十条 维修养护计划实施中,新增或变更的内容按照申报审批程序执行。

第十一条 维修养护项目费用组成。计划预算划分为材料费、机械费,由各站组织人员自行完成,原则上不列支人工费;对于技术难度大、专业性强,需聘请专业人员实施的工作,可列支人工费。维修养护项目决算时按照人工费、材料费、机械费进行决算。

第十二条 物料采购。小型零部件、消耗性材料等采购单项价格 1 000 元以下,由各站的两人或以上共同采购;单项价格 1 000 元及以上,由各站询价采购,应保留询价记录。

第十三条 物料消耗实行出入库台账管理,专人负责,物料出入库台账与维修养护台账(检修记录)相一致。

第十四条 各站不得随意变卖废旧配件等,废旧配件应集中存放,登记造册,报财务供应审计科按程序统一处理。

4.3 泵站操作流程

为规范泵站控制运用操作,及时准确地执行工作指令,准确有序地开展工作,保持各类信息传递的畅通,各种情况得到有效管控,规范工作行为,明确工作流程和要求,提高管理水平,确保泵站在停运及运用过程中可靠、安全,特编制此流程。

泵站控制运用流程适用于泵站开、停机操作的作业,包括运行前的设备检查、运行准备,以及设备送电、机组开启、设备停运等全过程。泵站 6 kV(10 kV)线路到高压开关柜后分两路:一路经站用变压器供低压系统相关设备用电;一路由各主机高压柜供对应主机组电源。泵站的准备工作及操作过程从高压进线柜开始，设备送电前，需根据有关规程要求进线，根据操作要求，操作既可以由计算机监控系统进行，也可以直接通过现场开关进行。

4.3.1 指令执行流程

泵站指令执行流程如图4-2所示。

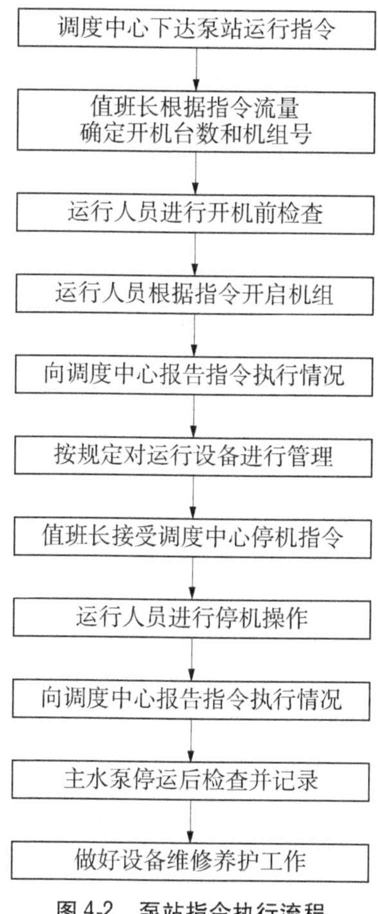

图4-2 泵站指令执行流程

4.3.2 控制运用流程

(1)泵站控制运用流程如图4-3所示。

(2)离心泵机组开、停机操作流程如图4-4所示。

(3)轴流泵机组开、停机操作流程如图4-5所示。

4.3.3 主水泵运行检查

4.3.3.1 主水泵运行前的检查

主水泵运行前应对进、出水池进行检查，检查进水闸闸门的开启位置，辅助设备工作

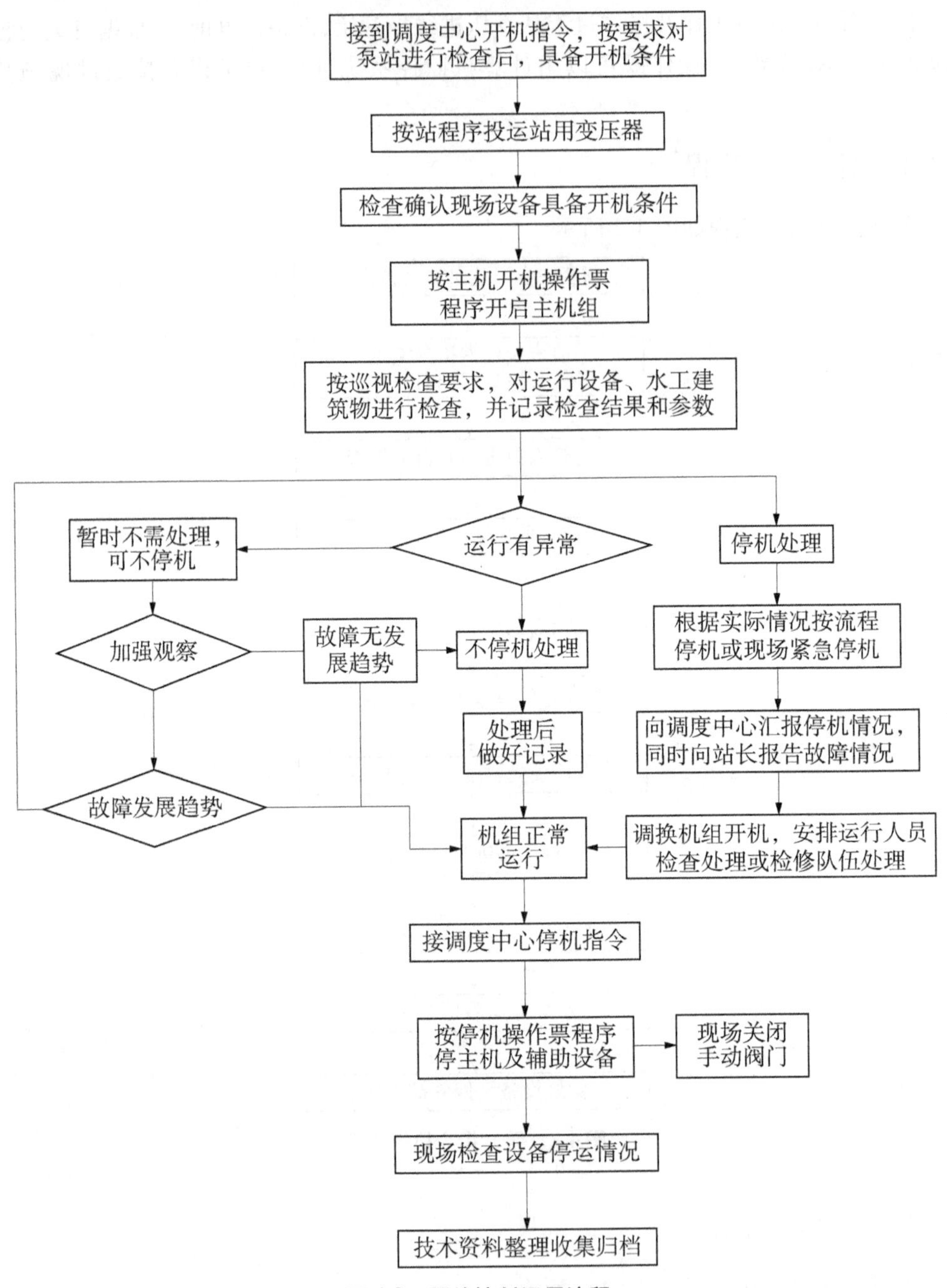

图 4-3　泵站控制运用流程

正常，检查真空破坏阀动作灵活可靠，动作信号反应准确。

4.3.3.2　主水泵运行中的检查

主水泵运行中应注意监听泵内有无异常声响，水泵的气蚀和振动应在允许范围内，推力瓦、轴承运行温度应正常；检查填料函温度应在允许范围内，无明显渗漏；监测仪表、传感器等应工作正常，流量、压力、真空度、水位、温度、振动等技术参数在允许范围内。

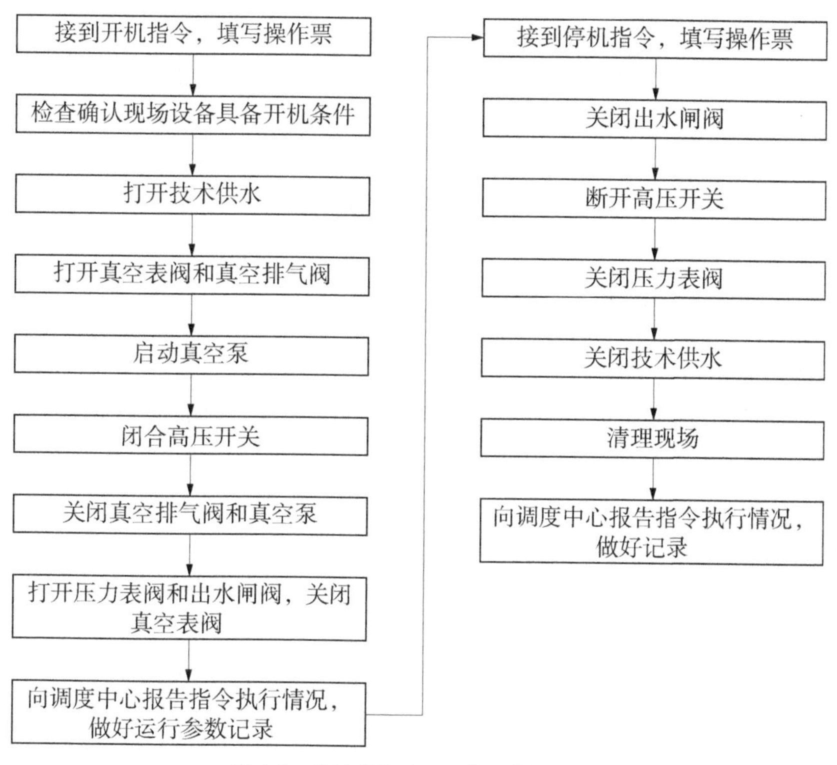

图 4-4 离心泵机组开、停机操作流程

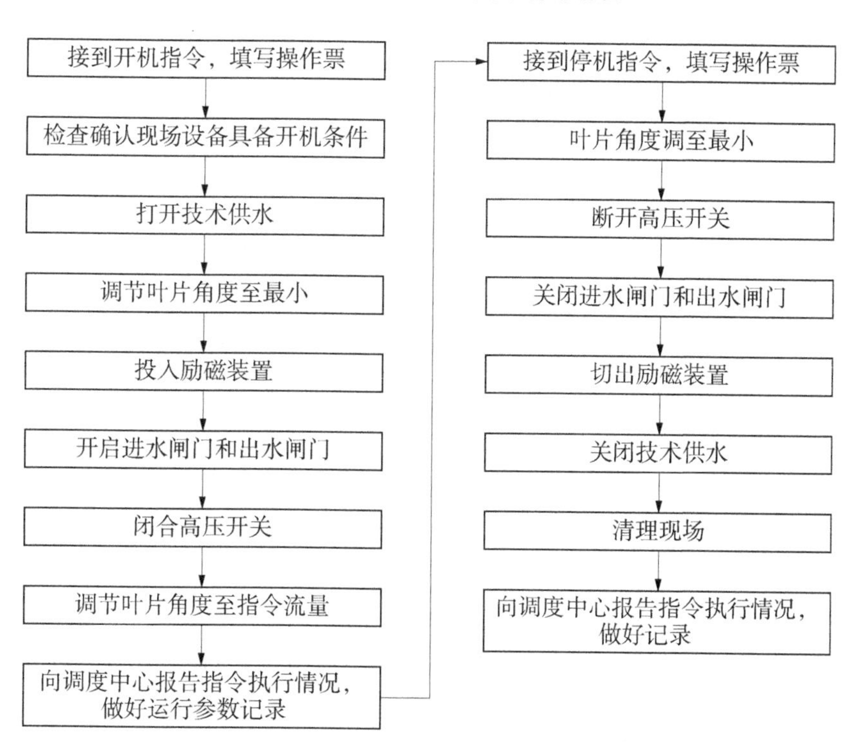

图 4-5 轴流泵机组开、停机操作流程

4.3.3.3 主水泵运行期间的检查

应定期巡视检查,每2 h巡视1次。主要检查内容及要求如下:

(1)填料函处漏水情况正常,无偏磨、过热现象,温度不超过50 ℃。

(2)技术供水水压及供水量正常。

(3)润滑和冷却用油油位、油色、油温及轴承温度正常。

(4)振动、声响正常。

4.3.4 主电机运行检查

4.3.4.1 主电机运行前的检查

(1)按制造厂家和泵站运行规程的规定,做好各项检查,测量定子和转子回路的绝缘电阻值。电动机定子回路绝缘电阻测量,采用2 500 V摇表测量,绝缘电阻大于或等于6 MΩ(一般绝缘电阻应大于或等于1 MΩ),且吸收比不小于1.3;转子绝缘电阻测量,采用500 V摇表测量,绝缘电阻分别大于或等于0.5 MΩ。

(2)检查定子空气间隙内无异物、加热装置停止加热、励磁装置工作正常等。

4.3.4.2 主电机运行中的检查

(1)电动机的运行电压应在额定电压的95%~110%范围内,三相电源电压不平衡最大允许值为±5%,如低于6 kV,定子电流不超过额定数值且无不正常现象,则可继续运行。

(2)电动机的电流不应超过铭牌规定的额定电流,一旦发生超负荷运行,应立即查明原因,并向班长和站长报告。特殊情况下电动机超负荷运行时,须经站领导或主管科室研究后决定。其过电流允许运行时间应按表4-1的规定取值。

表4-1 电动机过电流与允许运行时间的关系

过电流(%)	10	15	20	25	30	40	50
允许运行时间(min)	60	15	6	5	4	3	2

(3)电动机运行时其三相电流不平衡之差与额定电流之比不得超过10%。

(4)同步电机运行时励磁电流不宜超过额定值。

(5)主电动机运行时最高允许温度为130 ℃时,电动机定子线圈温度不超过100 ℃,温升不得超过80 ℃。

(6)电动机运行时上下油缸温度应在15~60 ℃范围内,轴承的允许最高温度应不超过制造厂的规定值,巴氏合金轴承为70 ℃,弹性金属塑料瓦为65 ℃,超温仅报警,不停机,如需停机,由值班人员根据现场情况确定。

(7)当电动机各部温度与正常值有较大偏差时,应立即检查电动机和辅助设备,应无不正常运行情况。

4.3.4.3 电动机运行中的检查

应定期巡视检查,每2 h巡视1次。主要检查内容及要求如下:

(1)电动机定、转子电流、电压、功率指示正常,无不正常升降和超限现象。

(2)电动机定子线圈、铁芯及轴承温度正常。

(3)电缆接头连接牢固,无发热现象。

(4)同步电动机滑环和电刷间无火花、无卡滞现象,电刷压力适中。

(5)机组油位、油色、油质、油温正常,无渗油现象。

(6)立式轴流泵技术供水压力在1.5~2.0 MPa,卧式离心泵轴封处渗水每分钟约60滴。

(7)电动机振动、声音正常。

(8)叶片调节机构运行平稳可靠。

4.3.5 变压器运行检查

4.3.5.1 变压器运行前的检查

在投运变压器之前,值班人员应仔细检查,确认变压器及其保护装置处在良好状态,具备带电运行条件,并注意外部无异物,临时接地线已拆除,各阀门开闭正确。变压器在低温投运时,应防止呼吸器因结冰被堵。

4.3.5.2 变压器运行中的检查

变压器运行中的巡视检查,每班至少1次。巡查内容包括:

(1)变压器的油温和温度计应正常,储油柜的油位应与温度相适应;各部分无渗油。

(2)套管油位应正常,套管外部无破损裂纹、无严重油污、无放电痕迹及其他异常现象。

(3)变压器声响正常。

(4)各冷却器手感温度应相近。

(5)吸湿器完好,吸附剂干燥。

(6)母线及引线接头应无发热现象。

(7)压力释放器、安全气道及防爆膜应完好无损。

(8)瓦斯继电器内应无气体。

(9)二次端子箱应关严,无受潮。

(10)变压器室的门、窗、照明应完好,房屋应不漏水。

4.3.5.3 运行中的变压器特殊巡视检查的情况

在下列情况下,应对运行中的变压器进行特殊巡视检查,增加巡视检查次数:

(1)新设备或经过检修、改造的变压器在投运72 h内。

(2)有严重缺陷时。

(3)气象状况突变(如大风、大雾、大雪、冰窗、寒潮等)时。

(4)雷雨季节特别是雷雨后。

(5)高温季节、高峰负载期间。

4.3.5.4 运行中的变压器停运检查或修理的情况

运行中的变压器有下列情况之一时,应立即停运检查或修理:

(1)变压器有异常声响、振动或爬电、闪络现象。

(2)在正常冷却条件下,变压器温度不正常,并不断上升。

4.3.6 电力电缆运行检查

(1)电缆的运行实际负荷电流不应超过电缆允许的最大负荷电流。聚氯乙烯绝缘电力电缆导体工作温度不大于70 ℃,表面温度一般不大于55 ℃;交联聚乙烯绝缘电力电缆导体工作温度不大于90 ℃,表面温度一般不大于70 ℃。

(2)对电缆线路及电缆线段应定期巡视,巡视周期应符合下列规定:

①敷设在地下、隧道中以及沿桥梁架设的电缆,至少每3个月巡视1次;

②电缆竖井内的电缆,至少每半年巡视1次;

③隧道、电缆沟、电缆井、电缆架及电缆线段,至少每3个月巡视1次;

④对挖掘暴露的电缆,按工程情况,可酌情加强巡视。

(3)电缆线路及电缆线段巡视检查内容及要求如下:

直埋电缆的巡视检查内容及要求如下:

①电缆线路附近地面应无挖掘痕迹;

②电缆线路标示桩应完好无损;

③电缆沿线不应堆放重物、腐蚀性物品,不应搭建临时建筑;

④室外露出地面上的电缆保护钢管或角钢不应锈蚀、位移或脱落;

⑤引入室内的电缆穿墙套管应封堵严密。

沟道内电缆的巡视检查内容及要求如下:

①沟道盖板应完整无缺;

②沟道内电缆支架牢固,无锈蚀;

③沟道内应无积水,电缆标示牌应完整、无脱落。

电缆头的巡视检查内容及要求如下:

①接地线应牢固,无断股、脱落现象;

②大雾天气,应监视终端头绝缘套管无放电现象;

③负荷较重时,应检查引线连接处无过热、熔化等现象。

4.3.7 高压断路器运行检查

(1)高压断路器操作的直流电源电压应在规定范围内。合闸线圈和分闸线圈额定电压均为220 V,合闸线圈在80%和110%额定电压下顺利合闸,储能分励脱扣器在65%和120%额定电压下顺利分闸。

(2)分、合高压断路器应通过远方控制方式进行操作,长期停运的高压断路器在正式执行操作前应通过远方控制方式进行试操作2~3次。

(3)手车从试验位置到运行位置或从运行位置到试验位置操作前,必须把前门锁好,当手车摇到指定位置后,相应的位置指示必须正确且到位。

(4)开关柜在合闸送电前必须确认柜门已闭锁牢固,接地刀闸确已拉开,手车开关确在运行位置。手车开关在从试验位置到运行位置操作前必须确认断路器在断开位置,严禁带负荷操作手车开关。

(5)手车开关在停电拉出前,必须确认断路器在分闸位置,操作中不得强行硬拉。当摇不动时,先检查闭锁条件是否具备。应左右轻微晃动,使其摇出,手车拉出后,必须到位。

(6)高压断路器当其储能机构正在储能时,不得进行操作。

(7)拒分的断路器未经处理恢复正常,不得投入运行。

(8)高压断路器事故跳闸后,应检查有无异味、异物、放电痕迹。

(9)高温季节、高峰负荷时,如负载电流接近或超过断路器的额定电流,应检查断路器导电回路各发热部分应无过热变色。如负载电流比断路器额定电流小得多,应重点检查断路器引线接头与连接部位应无发热。

(10)当发现真空断路器出现真空损坏等现象时,应立即断开操作电源,悬挂"禁止操作"警告牌,采取减负荷或上一级断开负荷后再退出故障断路器的方法进行操作。

(11)高压断路器运行时应定期巡视检查,至少每 2 h 巡视 1 次。主要内容有:

①断路器的分、合位置指示正确,并与实际运行工况相符;

②内部无不正常的放电声;

③带电显示器、各种表计显示正常;

④绝缘子、绝缘套管外表清洁,无损坏、放电痕迹;

⑤绝缘拉杆和绝缘子应完好,无断裂痕迹,无零件脱落现象;

⑥导线接头连接处无松动、过热、熔化变色现象;

⑦断路器外壳接地良好;

⑧真空断路器灭弧室无异常现象;

⑨分、合线圈无过热、烧损现象;

⑩弹簧操作机构储能指示正确,储能电机行程开关接点动作准确,无卡滞变形;

⑪断路器在分闸备用状态下时,合闸弹簧应储能正常。

4.3.8　互感器运行检查

(1)电压互感器应装设熔断器保护,高压电压互感器熔断器应使用专用熔断器。

(2)电压互感器二次侧不应短路,不应超过其最大容量运行,严禁通过它的二次侧向一次侧送电。

(3)电流互感器二次侧不应开路,不应长期过负荷运行。

(4)互感器二次侧及铁芯应可靠接地。

(5)互感器的巡视检查,至少每班巡视 1 次。巡查内容包括:

①电压互感器电压、电流互感器电流指示应正常;

②一次、二次接线端子与引线连接应无松动、过热现象;

③绝缘子应清洁,无裂纹、破损及放电痕迹;

④当线路接地时,供接地监视的电压互感器声音应正常,无异味;

⑤电流互感器无二次开路或过负荷引起的过热现象;

⑥运行中无异常声响,无异常气味。

4.3.9 防雷装置和接地装置运行检查

(1)避雷器、过电压保护器和接地装置每年应在雷雨季节前进行1次预防性试验。

(2)氧化锌避雷器在运行中应定期记录泄漏电流,雷雨后应检查、记录避雷器的动作情况。

(3)接地装置每年应进行1次检查,检查内容有:

①接地引出扁铁应无锈蚀、脱落现象;

②接地螺丝应紧固,无松动;

③所有的电气设备外壳都应接地。

(4)接地装置接地电阻规定如下:

①泵站、变电站电气设备的接地电阻不大于1 Ω;

②避雷针、避雷器的接地电阻不大于10 Ω。

(5)防雷装置应定期巡视检查,主要检查内容有:

①避雷针本体焊接部分无断裂、锈蚀,接地引下线连接紧密牢固,焊接点不脱落;

②避雷器瓷套管清洁,无破损,无放电痕迹,法兰边无裂纹;

③避雷器导线及接地引下线连接牢固,无烧伤痕迹和断股现象;

④避雷器内部应无异常响声;

⑤避雷器计数器密封良好,动作正确。

4.3.10 直流系统运行检查

(1)直流装置包括直流屏和蓄电池屏,正常情况下,由整流模块将交流电流整成直流电流,交流电源停电时,由蓄电池提供直流电源,分别供给高压开关、真空破坏阀电磁阀、微机保护及事故照明等装置。

(2)蓄电池应在浮充电方式下运行,正常情况下每30 d或在蓄电池较大放电后,短时转为均充方式运行。控母电压正常为220 (1 ±2%) V,合母电压正常为240 ~250 V,超出以上范围时应注明原因。

(3)直流装置应定期巡视、专人维护。巡视时,应仔细查看直流装置的工作状态、合母电压值、控母电压值、电池电流值、单体电池电压值等;当控制装置显示“故障”时,应查明故障原因,尽快排除。

(4)每月应对蓄电池、充电装置至少进行1次详细检查,除每班巡视检查内容外,应对每只蓄电池电压进行测量,过低或为零应查明原因,进行恢复处理或更换。检查结果应记在蓄电池运行、维护记录中。

(5)蓄电池运行环境温度应在5 ~35 ℃,并保持良好的通风和照明,当环境温度长时间过高时,应采取降温措施。

(6)新安装的阀控蓄电池在验收时,应进行容量核对性充放电,投入运行后按制造厂制定要求进行容量核对性充放电,无规定的每年应进行1次容量核对性充放电。蓄电池放电后,应及时再充电,正常使用的电池不得打开安全阀。容量低于额定值的80%的蓄电池,应进行更换。

(7)当发生直流系统接地时,应立即用绝缘监察装置判明接地极,并报告站长,征得同意后进行拉路寻找,尽快查出故障点予以消除。

(8)蓄电池、充电装置运行期间应定期巡视检查,每班1次。主要检查内容有:

①充电装置工作状态、充电电压、电池电压、控母电压、充电电流、负载电流和每块电池的端电压应正常;

②直流母线正对地、负对地电压应为零,直流系统对地绝缘应良好;

③蓄电池柜及蓄电池应清洁,无积污;

④蓄电池连接处无锈蚀,凡士林涂层应完好;

⑤蓄电池容器应完整,无破损、漏液、变形,极板无硫化、弯曲、短路等现象;

⑥蓄电池电解液面、蓄电池温度应正常。

4.3.11 励磁装置运行检查

(1)检查运行中的励磁柜盘面指示、分路空气开关指示应正确,柜内母线及设备应无异常声响,各接线桩头示温片应无熔化现象。

(2)励磁装置在运行中如发现励磁电流、电压显著上升或下降,应检查原因予以排除,如不能恢复正常应停机检修。

(3)励磁回路发生一点接地时,应立即查明故障原因,予以消除。

(4)励磁设备每2 h巡视1次,主要内容有:

①各表计指示应正常,信号显示应与实际工况相符;

②各电磁部件无异常声音及过热现象;

③各通流部件的接点、导线及元器件无过热现象;

④通风元器件、冷却系统工作应正常;

⑤励磁装置的工作电源、操作电源、备用电源等应正常可靠,并能按规定要求投入或自动切换;

⑥励磁变压器线圈、铁芯温度、温升不超过规定值,声响正常,表面无积污;

⑦励磁变压器风机运转正常,温升不超过80 ℃。

4.3.12 微机保护和自动装置运行检查

(1)运行中,微机保护和自动装置不能任意投入、退出和变更定值,需投入、退出或变更定值时,应在接到主管部门的通知或命令后执行。凡带有电压的电气设备,不允许处于无保护的状态下运行。

(2)运行值班人员负责微机保护和自动装置的运行监视,出现异常时,值班人员应立即向站长报告,由站长向主管科室报告,由继电保护专业人员到场进行处理。

(3)微机保护动作后,值班人员应立即向值班长报告,并做好详细记录,值班长组织人员处理,无法处理的向主管科室报告,由继电保护专业人员到场进行处理。

(4)微机保护和自动装置室内最大相对湿度不应超过75%,环境温度应在5~30 ℃范围内,超出允许范围应投运空调设施。

(5)微机保护和自动装置非运行期间不宜停电。

4.3.13 计算机监控系统运行检查

(1)根据泵站的具体情况,制定计算机监控系统运行管理制度。

(2)对于履行不同岗位职责的运行人员和管理人员,应分别规定其安全等级操作权限。

①最高:站长,可以设置管理员权限,除可以正常进行远程操作外,还可以配置用户,包括添加删除用户、修改用户密码、设置用户权限等。

②中等:值班长和部分值班员,可以进行远程操作,包括开停机操作、叶片角度调节、励磁调节、辅机设备开停操作等。

③最低:其他人员,只能登录查看,不能操作。

(3)泵站监控系统维护应有专人负责,每月应检查1次系统的运行情况。

(4)泵站计算机监控系统投入运行前应进行检查,并应符合下列要求:

①受控设备性能完好;

②计算机及其网络系统运行正常;

③现地控制单元(LCU)、微机保护装置、微机励磁装置运行正常;

④各自动化元件,包括执行元件、信号器、传感器等工作可靠;

⑤视频系统运行正常,录像硬盘工作正常;

⑥系统特性指标以及安全监视和控制功能满足设计要求;

⑦无告警显示。

(5)计算机监控局域网投运前应进行检查,并符合下列要求:

①服务器运行正常;

②工作站运行正常;

③通信系统运行正常;

④无出错显示。

(6)由声响报警的站,运行期间每天测试1次声响,显示报警系统应正常。

(7)计算机监控系统在运行中监测到泵站设备故障和事故,运行人员应迅速处理,及时报告。

(8)计算机监控系统和监控局域网运行发生故障时应查明原因,及时排除。

(9)未经无病毒确认的软件不得在计算机监控系统和监控局域网中使用。计算机监控系统和监控局域网内的计算机不得移作他用和安装未经设备主管部门工程师允许的软件。计算机监控系统和监控局域网内的计算机不得和外网连接。

(10)历史数据应按要求定期转录并存档。

(11)对软件进行修改或设置应由有管理权限的工程师进行,修改或设置前后软件必须分别进行备份,并做好修改记录。

(12)LCU系统停运时不应停电,如因特殊情况确需停电,停电时间不能超过24 h。

(13)不间断电源维护应按制造厂家规定执行。

4.3.14　辅助设备与金属结构检查

（1）主机组技术供水和泵房内渗漏水、废水的排除，应符合以下要求：

①技术供水的水质、水温、水量、水压等满足运行要求；

②供水管路畅通；

③供、排水泵莲蓬头无堵塞，集水坑和排水廊道无淤积；

④供、排水泵工作可靠，对备用供、排水泵应定期切换运行；

⑤定期检查集水坑水位过高报警装置动作的可靠性。

（2）虹吸式出水流道真空破坏阀的运行管理应符合下列要求：

①真空破坏阀在机组启动后能正常复位，关闭状态下密封良好；

②真空破坏阀吸气口附近不应有妨碍吸气的杂物；

③必须保证破坏真空的控制设备或辅助应急措施处于能够随时投入的状态。水泵机组停机后应联动打开真空破坏阀，若电磁阀不能动作，应手动打开，必要时紧急打开手动阀。

（3）清污机、拦污栅无变形，栅格无脱落。清污机前水草杂物过多时，应及时清理打捞，并按环保要求进行处理。

4.3.15　水工建筑物检查

（1）主副厂房无破损、露筋，门窗应完好，无渗水漏雨现象，排水设施完好畅通。

（2）交通桥、工作桥、大梁混凝土无破损，无露筋，栏杆无损坏，交通桥应畅通。

（3）翼墙伸缩缝应完好，填料无流失，伸缩缝内无杂草、杂树生长；块石挡土墙的块石无松动、脱落；翼墙栏杆应完好，无破损、露筋；混凝土盖顶无破损，无异常裂缝；翼墙内填土无流失，绿化完好。

（4）浆砌块石护坡整洁，混凝土无裂缝、破损，块石缝无杂草杂树生长，块石无缺失，护坡无塌陷或隆起。

（5）护坡平台植被完好，无水土流失，无雨淋沟，无塌陷，无违章种植，无滑坡，排水设施完好畅通。

（6）进水池应完好，池内无大面积异常漂浮物。

（7）观测设施完好，无破损或缺失。

（8）管理范围内警示、宣传标志完好，无违章搭建，无违章种植、取土等；无垃圾等异物堆放到管理范围内，绿化完好，界桩完好齐全。

（9）泵站运行期间应对泵站站身、翼墙、混凝土建筑物及进出水池进行巡查，每班巡视1次，并做好巡视检查记录；若发现异常，应及时向值班长或站长报告。主要巡查内容有：

①泵站进水池漂浮物情况，应无异物影响主机组安全运行；

②站身、翼墙等建筑物无变形、损坏；

③站房排水畅通，无渗漏；

④管理范围内无违章施工。

(10)泵站运行期间遇到以下情况时应增加巡查次数:

①恶劣气候;

②站身、岸墙、翼墙及进出水池有缺陷、施工等不安全现象;

③超设计标准运行时。

4.3.16 运行管理要求

根据泵站运行规程和泵站实际情况,泵站运行期间严格遵守相关规章制度,按规定要求对泵站设备及工程设施进行检查,及时处理运行故障和突发事件,确保泵站设施安全运用。当泵站发生事故时,应迅速采取有效措施,防止事故扩大,减少人员伤亡和财产损失,并立即向上级报告,在事故不扩大的原则下,保护设备继续运行。

泵站运行管理应遵守的制度主要有运行值班制度、交接班制度、设备巡查制度、开停机制度、工作票制度、操作票制度、安全生产责任制度、设备档案及技术资料管理制度等。

4.3.16.1 不正常运行处理的要求及常见问题

1. 泵站不正常运行处理的要求

泵站工程和设备发生不正常运行时,值班人员应立即查明原因,尽快排除故障。如短时内不能恢复正常,应立即向调度中心报告,重要事件应及时向主管部门报告。在故障排除前,应加强对工程或设备的监视,确保工程和设备继续安全运行。如故障对安全运行有重大影响,可停止故障设备或全部设备的运行。值班人员应将不正常运行故障情况和处理经过详细记录在运行日志上。

2. 泵站运行事故处理的基本原则

(1)迅速采取有效措施,防止事故扩大,减少人员伤亡和财产损失。

(2)立即向上级报告。

(3)在事故不扩大的原则下,设法保持运行设备继续运行。

(4)在事故处理时,运行人员必须留在自己的工作岗位上,集中注意力保证设备的安全运行,只有在接到值班长的命令或者在对设备或人身安全有直接危险时,方可停止设备运行或离开工作岗位。

4.3.16.2 不正常运行处理措施

1. 泵站工程超设计标准运行的处理

(1)泵站工程不应超设计标准运行,如发生超设计标准运行,应报请上级主管技术部门批准,必要时并经原设计单位校核,在制订应急方案后方可进行。

(2)泵站工程超设计标准运行时,运行值班人员应熟练掌握应急方案的相关技术规定,加强对泵站和设备运行的巡视检查,若有异常应立即向值班班长汇报,情况紧急时可立即停止泵站或设备的运行。

2. 主水泵

(1)检查故障时,应有计划、有步骤地进行,应先检查容易判断的故障原因,再检查比较复杂的故障原因。

(2)当水泵发生较小运行故障时,应尽可能不停机,以便在运行过程中观察故障情况,正确分析产生故障的原因。

(3)在进行不停机的故障检查时,应注意安全,只允许进行外部检查,听音手摸均不能触及旋转部分,以免造成人身事故。

(4)水泵的内部故障,只有在不拆卸机件不能完全判明时,才拆卸机件进行解体检查。在拆卸检查过程中,应测定有关配合间隙等技术数据,并提出改进措施。

(5)对于突如其来的严重的水泵运行故障,值班人员应沉着冷静,迅速无误地停止动力机的运转,尽可能地防止事故扩大,并采取措施确保人身安全、设备安全。

轴流泵和离心泵运行故障和处理方法见表4-2和表4-3。

表4-2 轴流泵的运行故障和处理方法

故障现象	产生原因	处理方法
启动后不出水	1. 泵站扬程过高; 2. 出水管道堵塞; 3. 叶片淹没深度不够; 4. 叶片旋转方向不对或水泵转速太低; 5. 叶轮与泵轴的固定螺丝松脱,使叶轮与泵轴脱离; 6. 叶轮叶片缠绕大量柴草杂物,或叶片断裂; 7. 进水池淤积严重,水泵口被堵塞	1. 更换水泵; 2. 清理出水管道; 3. 降低安装高程或抬高进水水位; 4. 改变水泵旋转方向,检查叶片的安装位置,或增加水泵转速; 5. 重新检修,紧固螺丝; 6. 清除杂草,更换叶片; 7. 排水清淤
水泵出水量减少	1. 泵站扬程过高; 2. 叶片淹没深度不够; 3. 叶轮叶片缠绕大量柴草杂物,或叶片断裂; 4. 叶片的边缘磨损,使叶片与叶轮外壳的间隙过大,增加了回水损失; 5. 叶片安装角度太小	1~3. 解决方法同上; 4. 磨损不严重的叶片可以提升泵轴,抬高叶片中心高程,使其与叶轮外壳的间隙缩小; 5. 调整叶片安装角度
轴功率过大,动力机超负荷	1. 叶片安装角度太大; 2. 进水池水位太低,水泵的叶轮淹没深度不够,使水泵扬程增加; 3. 出水管部分堵塞,出水拍门或闸阀开启度小; 4. 轴承磨损,泵轴弯曲使转动部位不灵活,叶片与外壳摩擦; 5. 叶片上缠绕柴草杂物; 6. 动力机选配功率小; 7. 水源含沙量大,增加输出功率; 8. 水泵转速过高	1. 改变叶片安装角度; 2. 抬高进水池水位或降低安装高程; 3. 清理管道,拍门加装平衡装置; 4. 更换磨损轴承,校正泵轴; 5. 清除杂物,严禁无拦污栅引水; 6. 重新选配动力机; 7. 含沙量超过12%时不宜抽水; 8. 采用变频器调节频率

续表 4-2

故障现象	产生原因	处理方法
水泵运行产生振动和噪声	1. 进水池水位太低,水泵的叶轮淹没深度不够,使水泵扬程增加; 2. 动力机选配功率小; 3. 叶片上缠绕柴草杂物; 4. 水泵基础不稳,地脚螺丝松动; 5. 水泵机组安装不同心; 6. 叶片短缺或各叶片安装角度不一致; 7. 泵轴的轴承轴颈镀层或轴承磨损,轴在轴承内摇动; 8. 推力轴承装置内的轴承损坏或缺油; 9. 气蚀影响	1~3. 解决方法同上; 4. 加固基础,拧紧螺丝; 5. 重新调整安装; 6. 修补更换叶片; 7. 修理水泵,更换橡胶轴承; 8. 修理轴承或加油; 9. 根据现场实际情况区别对待

表 4-3　离心泵的运行故障和处理方法

故障现象	产生原因	处理方法
水泵不出水,压力表、真空表指针剧烈振动	1. 未注满水; 2. 水管或仪表漏气	1. 停泵重新将水注满; 2. 拧紧、堵塞漏气处
水泵不出水,真空表指示高度真空	1. 底阀淤塞; 2. 吸水管阻力太大; 3. 吸水高度太大	1. 底阀清淤; 2. 清洗或更换吸水管; 3. 降低吸水高度
压力表指示水泵出水有压力,然而水管出水无压力	1. 出水管阻力太大; 2. 旋转方向不对; 3. 叶轮淤塞; 4. 水泵转速不够	1. 检查或缩短出水管; 2. 检查电动机; 3. 取下水管接头,清洗叶轮; 4. 增加水泵转速
流量比预计的小	1. 水泵淤塞; 2. 密封环磨损过多; 3. 转速不够	1. 清洗水泵及管子; 2. 更换密封环; 3. 提高水泵转速
水泵突然停水	进水口露出水面(真空表接近零)或被堵塞	停泵清扫
水泵内声音反常,水泵不出水	1. 流量过大; 2. 吸水管内阻力过大; 3. 吸水高度过大; 4. 在吸水处有空气渗入; 5. 压送的液体压力过高	1. 减小流量; 2. 检查泵的吸水管、底阀; 3. 减小吸水高度; 4. 拧紧、堵塞漏气处; 5. 降低液体温度或减小吸水高度
水泵振动	1. 泵轴与电动机轴不在同一中心线上或泵轴歪斜; 2. 叶轮上缠绕柴草杂物或叶轮质量不平衡; 3. 水泵产生较严重气蚀	1. 调整轴线; 2. 停泵处理叶轮; 3. 根据情况定处理方案

续表 4-3

故障现象	产生原因	处理方法
水泵消耗功率过大	1. 填料压盖太紧,填料发热; 2. 叶轮磨损过大; 3. 水泵供水量增加; 4. 缺润滑油; 5. 水泵轴与电机轴不在同一轴线上,油圈不旋转	1. 拧松填料盖; 2. 更换叶轮; 3. 降低流量; 4. 减小出水管阻力; 5. 加润滑油,调整轴中心线

3. 主电机

1)电动机运行故障的处理方法

电动机的运行故障与负载、周围环境、维护保养及电动机的结构形式有关,要及时分析出故障的原因及各种故障的特点,分析方法如下:

(1)了解电动机的性能和结构特点。

(2)注意事故发生时的异声、振动、发热、冒烟、焦味等现象。

(3)根据各处确定可能产生的故障性质,进一步分析故障原因。

(4)在初步分析的基础上进一步通过检查试验和测量,来加以确定。

电动机的运行故障和处理方法如表 4-4 所示。

表 4-4　电动机的运行故障和处理方法

故障现象	产生原因	处理方法
启动或运行时定子与转子间冒火花或烟气	1. 定子与转子中心未对准,气隙不均匀; 2. 轴承磨损; 3. 空气间隙中留有杂质	1. 测量电动机气隙; 2. 检查调整轴承间隙或更换新轴承; 3. 检查并予以处理
电动机不能转动	1. 线路中有断线或一相接触不良; 2. 电压过低; 3. 负荷过大; 4. 电动机机械故障; 5. 接线错误; 6. 定子或绕组一相断线; 7. 定子绕组短路; 8. 绕组接地	1. 全面检查电源至电动机线路,检查熔断器并更换熔丝,修理烧损触头; 2. 检查电源电压是否与电动机铭牌电压一致,若不一致则调整电压; 3. 改变引起补偿器抽头,减轻负荷; 4. 清洗或更换轴承; 5. 详细核对电机接线,有无接法错误或绕组一相反接; 6. 检修断线,定子多发生在接线盒,转子多发生接头松脱、铜条脱焊或铝条断裂,以及短路断环开裂; 7. 检修短路; 8. 检修接地绕组

续表 4-4

故障现象	产生原因	处理方法
电动机过热或冒烟	1. 电动机过载； 2. 通风不良； 3. 电源电压、频率与电动机额定值不符； 4. 绕组有短路或接地； 5. 电动机启动单相运转； 6. 接线上的错误； 7. 转子铁芯与定子铁芯相摩擦	1. 检查过载程度，适当减轻负载； 2. 清理通风口，或增添通风设备； 3. 调整电源电压、频率； 4. 检修短路和接地绕组； 5. 检查电压是否一相断线，定子绕组有无断线； 6. 核对电动机的接线要求：若三角形误接为星形，无负载电动机不过热，负载后便迅速发热；若星形误接为三角形，无论负载大小都会发热。电动机一相反接，温度也会上升； 7. 检查气隙与检修轴承
电流表指针周期性摆动	1. 滑环装置接触不良； 2. 转子绕组内接触破坏	1. 检修电刷与弹簧装置； 2. 检修转子绕组接头，检修断裂或脱焊的铝条或铜条，检修开路的短环
电动机剧烈振动	1. 安装不良； 2. 轴承磨损； 3. 转子绕组破坏，磁性不对称； 4. 联轴器松动，不同心	1. 检查校正安装质量； 2. 调整或更换轴承； 3. 检修转子绕组； 4. 检修和校正电动机与水泵联轴器
轴承发热	1. 轴承润滑油不良； 2. 轴承磨损腐蚀破裂； 3. 滑动轴承间隙过小； 4. 轴承中心未校正好，联轴器未校正好； 5. 轴承盖螺丝紧力不均匀； 6. 油环慢转或停转，或脱离轨槽； 7. 油量不足或过多	1. 清洗或更换新油； 2. 更换新轴承； 3. 检查调整； 4. 重新检查轴承和联轴器； 5. 均匀地紧固各螺丝； 6. 检查油环和油质，油质黏度太大应更换，重新安装或调整油环； 7. 检查后调整油量
电刷冒火或油环发热	1. 电刷研磨不好或压力不足； 2. 电刷与滑环污垢； 3. 油环不圆或不平； 4. 使用电刷型号不符合要求； 5. 电刷不能自由转动，卡得过死	1. 重新研磨后，调整弹簧压力； 2. 用洁净的棉布清洗干净，磨光滑动面； 3. 精车并磨光； 4. 更换适宜的电刷型号； 5. 研磨修理

续表 4-4

故障现象	产生原因	处理方法
绕线式电动机转速降低	1. 启动变阻器未全部切除；接头松脱，触头压力不足； 2. 电刷脱落，电刷弹簧失效，压力太小，电刷截面面积太小或质量不符合要求； 3. 转子绕组断线或启动设备接到转子上的导线断线，接头松脱	1. 检查出断线地方后立即予以修理； 2. 检查出原因后予以更换或校正； 3. 检查出断线地方后立即予以修理

2）主电机电源突然停电的应急处理

（1）检查断流装置是否已正常关断，主机组是否已停止运转，否则应立即采用辅助设施使其可靠断流。

（2）检查励磁装置是否已停运，否则应立即断开其交流电源开关。

（3）检查总进线断路器或主电机断路器是否已在断开位置，否则应立即予以断开。

（4）退出各断路器手车或拉开刀闸。

（5）检查停电原因，进行处理，并尽快恢复运行。

3）主电机故障跳闸的应急处理

（1）检查断流装置是否已正常关断，主机组是否已停止运转，否则应立即采用辅助设施使其可靠断流。

（2）检查励磁装置是否已停运，否则应立即断开其交流电源开关。

（3）检查总进线断路器或主电机断路器是否已在断开位置，否则应立即予以断开。

（4）退出各断路器手车或拉开刀闸。

（5）检查故障跳闸主电机相关继电器保护装置动作情况，分析故障原因，排除故障后重新投入运行。

4. 变压器

1）变压器内部声音异常的处理

变压器正常运行时声音应是连续的“嗡嗡”声。当变压器运行声音不均匀，声音异常增大或有其他异常声响时，应立即查明原因。情况严重时要向站领导和值班班长汇报停止变压器运行。变压器内部声音异常主要有以下原因：

（1）负荷变化较大时，如大的动力设备启动，或变压器带有电弧炉等，变压器的声音会增大。

（2）过负荷运行时，变压器会发出很高且沉重的“嗡嗡”声。

（3）系统短路或接地时，因很大的短路电流通过而发出很大的噪声。

（4）内部紧固件穿芯螺栓松动会发出强烈的不均匀噪声。

（5）内部引线接触不良或击穿放电部位，会发出“嗞嗞”声或“噼啪”的放电声。

（6）系统发生铁磁谐振时，变压器发出粗细不均的“哼哼”声。

2）变压器瓦斯保护动作的处理

变压器瓦斯保护动作，主要有以下原因：

（1）二次回路故障。

（2）内部发生电气短路故障。

（3）因检修、加油或冷却系统不严密使气体进入变压器。

（4）变压器内部产生少量气体。

（5）温度发生变化、渗漏油导致变压器油位下降过低。

变压器发生瓦斯保护信号动作，应严密监视变压器的运行情况，并立即查明原因，予以处理，必要时可停止变压器运行。检查主要内容有：

（1）积聚在瓦斯继电器内的气体不可燃，且无色无嗅，混合气体主要是惰性气体，氧化物含量不大于16%，同时油的闪光点并不降低，说明空气进入变压器，此时变压器仍可继续运行。

（2）气体颜色为黄色，不易燃，且一氧化碳含量大于1%，说明固体绝缘物质因过热而分解，有损坏现象。

（3）气体颜色为灰色且易燃，氢气含量在30%以下，有焦油味，闪光点显著降低，说明油已发生过热分解或有闪络故障。

（4）气体颜色为淡色并带有强烈臭味，且可燃，说明绝缘材料损坏。

（5）若通过上述方法仍不能做出正确判断，取气体和油样做色谱分析，根据色谱分析结果判断故障性质。

（6）检查变压器的油位、油温和其他保护动作情况。

（7）若各方面检查未发现异常，可确定二次回路误动，对变压器进行试送电，并加强监视。

3）变压器继电器保护动作的处理

变压器发生继电保护动作，主要有以下原因：

（1）二次回路或继电器本身故障。

（2）外部故障。

（3）内部故障。

变压器发生继电保护动作，应立即查明故障原因予以排除。如综合判断证明变压器跳闸不是由内部故障引起的，可重新投入运行。

4）变压器着火的处理

变压器着火时，首先是断开电源，停用冷却器和迅速使用灭火装置灭火，若油溢在变压器顶盖上而着火，则应打开下部油门放油至适当油位；若是变压器内部故障引起着火的，则不能放油，以防变压器发生严重爆炸。

5. 高压断路器

1）高压断路器拒合的处理

（1）进行高压断路器合闸操作而断路器出现拒合时，应立即停止合闸操作。

（2）退出断路器手车或拉开刀闸。

（3）检查、分析故障原因，并予以排除。

(4)故障排除后再次进行合闸操作。

2)高压断路器拒分的处理

(1)进行高压断路器远方分闸操作而断路器出现拒分时,应立即停止远方操作。

(2)改用现场操作机构操作仍拒分时应停止操作。

(3)采用越级分闸,退出该断路器。

(4)检查、分析断路器拒分故障原因,并予以排除。未排除故障前不应投入运行。

3)断路器自动误跳闸的原因

断路器自动跳闸而保护装置未动作,则断路器是误跳闸。断路器误跳闸可能的原因有:

(1)人为误操作。

(2)操作机构故障。

(3)电磁机构定位螺杆调整不当,受外力振动时自动跳闸。

(4)托架弹簧变形,弹力不足。

(5)滚轮损坏。

(6)托架坡度大、不正或滚轮在托架上的接触面积小。

(7)操作回路发生两点接地故障。

(8)保护装置误动作。

4)高压断路器的故障现象

高压断路器运行中有以下情况之一时,应立即停止运行:

(1)SF_6 断路器 SF_6 气体压力降至闭锁压力。

(2)真空断路器真空破坏。

(3)绝缘瓷套管断裂、闪络放电异常。

(4)断路器有异味或声音异常。

6. 隔离开关

1)运行中接触部分过热

当发现隔离开关接触部分变色或示温片有变化时,可判断为刀片接触部分过热。产生的原因主要是刀口合得不严,压紧弹簧或螺栓松弛,刀口表面氧化使接触电阻增大,或者由于用力不当而使接触位置不正引起触头压力降低,使开关接触不良及过负荷等。故障的处理方法主要有:

(1)对于母线开关,应采取降低负荷,或吹风冷却并加强监视,条件允许可停电处理。

(2)电路中串有断路器,可通过断路器的保护装置防止事故扩大,故发热的隔离开关可继续运行,但要加强监视,直至停止运行时检修。

2)隔离开关拒绝开闸

(1)操作机构结冰冻结致使隔离开关拉不开时,应轻轻摇动,并注意支持瓷瓶及机构的每个部分,以便根据它们的变形和变位找出故障点。

(2)故障点在开关的接触部分时,不应强行拉开,否则支持瓷瓶可能受破坏而引起事故,这时应通过改变运行方式来加以处理。

7. 直流电源

1)接地故障的处理

(1)主机组正常运行发生直流接地故障处理时,应汇报总值班同意后进行,并有专人监护。

(2)短时间退出可能误动作的保护。对可能联动的设备,应采取措施防止设备误动作。

(3)用绝缘监察装置判明接地极,进行拉路寻找。

2)直流电源故障停电的处理

(1)主机组正常运行发生直流电源故障停电时,立即进行故障排除,并应密切注意设备运行状态。一旦发现设备运行异常,应立即采用机械分断相应断路器,并采取措施使机组断流装置可靠动作。

(2)短时间内不能恢复直流供电时,应手动操作停止主电机、站用变压器、主变压器的运行。

(3)排除直流电源故障,重新投入运行。

8. 电容器

1)外壳膨胀

电容器在运行中,环境温度过高及长期过负荷,使介质损耗增加而发热,引起电容器浸渍剂受热膨胀,增大对箱壁的压力,造成箱壁的塑性变形而出现鼓肚现象。箱壁外鼓又进一步使油面下降,导致散热条件和绝缘强度降低,所以电容器外壳膨胀是发生故障或事故的前兆。

外壳膨胀时,如果不严重,应减少负荷,加强通风冷却;如果情况严重应立即停止使用,以免事故扩大。

2)渗漏油

由于搬运方法不当或不慎等原因,电容器法兰焊接处产生裂缝,或在接线时拧紧螺帽用力过大,造成瓷套焊接处损伤以及产品制造时存在一些缺陷等,在运行时由于浸渍剂受热膨胀,于是在上述薄弱的地方,如引出线瓷套管与箱壳焊接处、瓷套顶部、箱壁接缝等部位,出现渗漏油,造成浸渍剂减少,元件上部容易受潮,发生绝缘击穿等故障。

电容器发生渗漏油时,应减轻负荷或降低环境温度,如果不太严重,可继续运行;如果严重,应将电容器退出运行,进行修复。

3)异常声响

电容器在运行中不应有异常响声。如发现有“嗞嗞”声或“咕咕”声,则说明外部或内部有局部放电现象。“咕咕”声是电容器内部绝缘崩溃的前兆,这时应立即停止运行,查找故障。查找时应注意两极间的残余电荷,必须将其电荷放尽,否则容易发生触电事故。

9. 监控系统

泵站运行时,如监控系统不能正常运行,应立即查明原因,处理后恢复运行;如不能恢复正常运行,应立即向站领导和信息中心汇报,尽快排除故障。

在故障排除前,应加强对运行设备声响、振动、电量、温度的监视;对由监控系统进行自动控制的设备,改用手动操作,并加强对该设备的巡视检查,确保设备安全运行。

10. 辅机设备

1)冷却水中断的处理

(1)主机组正常运行发现冷却水供应中断时,应加强轴瓦温度监视,立即查明供水中断原因并予以处理,恢复供水。

(2)排除供水中断故障期间,一旦发现轴瓦温度异常上升,应立即停止机组运行。

2)空气压缩机故障的处理

(1)用于压油装置配压的空气压缩机发生故障时,应加强压油装置油气配比的监视,立即查明故障原因并予以处理,恢复运行。

(2)用于打开真空破坏阀的空气压缩机发生故障时,应加强压力储气罐压力的监视,做好紧急停机准备,立即查明故障原因并予以处理,恢复运行。

3)压力油装置故障的处理

(1)用于水泵叶片角度调节压力油装置发生故障时,应加强水泵叶片角度的监视,立即查明压力油装置故障的原因并予以处理,恢复运行。

(2)用于液压启闭机的压力装置发生故障时,应加强对液压启闭闸门位置处的监视,做好紧急停机准备,立即查明压力油装置故障原因并予以排除,恢复运行。

11. 管道

管道有轻微裂缝时,可采取以下处理方法:

(1)混凝土管道裂缝,先用环氧树脂黏合剂填缝,然后在管道裂缝周围凿毛,浇筑混凝土加固。

(2)铸铁管裂缝,可锯下裂缝段铁管,套上管箍重新接上一段好管,然后铸铅处理。

(3)钢管不易裂缝,漏水部位常在法兰连接处,应经常检查法兰连接螺丝是否松动或止水垫片是否老化。

管道裂缝严重时,应更换。更换用的新管子,应严格检查其管径、管壁,经水压试验合格后采用。

12. 火灾的应急处理

(1)泵站运行现场发生火灾时,运行值班人员应沉着冷静,立即赶到着火现场,查明起火原因。

(2)电气原因起火时,应首先切断相关设备的电源停止设备运行,用干粉或二氧化碳灭火器灭火。

(3)油类起火时,应首先停止相关设备或可能波及的设备的运行,用干粉、二氧化碳或泡沫灭火器灭火。

(4)火情严重时,在切断相关设备电源后,应立即拨打119向消防部门报警。

(5)发生人身伤害时,应做好现场救护工作。情况严重时,应立即拨打120向急救中心救助。

4.3.16.3 安全和环境要求

(1)设备运行环境整洁,设备无积尘,巡视通道畅通,标志明显。一级站主厂房如图4-6所示,尊村引黄三级站主厂房如图4-7所示。

(2)消防器材配备齐全,安全警示标志齐全、明显。

图 4-6　一级站主厂房

图 4-7　尊村引黄三级站主厂房

(3)中控室、值班室干净整洁,无异味;所有室内及设备附近禁止吸烟,严禁明火。

(4)设备停、送电须由专人执行、专人监护,防止误操作。

(5)值班室应配置与运行有关的安全用具、图纸和规程、制度等。

4.3.17　运行记录

(1)运行值班记录。

(2)设备运行记录。

(3)操作票。

4.4 渠道控制操作流程

为加强对水利设施的巡护管理,改变渠道及渠系建筑物维护保养不到位的现状,建立管护保养管理长效机制,确保工程安全、输水安全、生产安全,营造“畅、洁、绿、美”的供水环境,提高渠道输配水效率,保证工程发挥应有效益。

渠道控制运用流程适用于渠道输水期间、停水期间的运行,包括渠道巡护责任主体、渠道巡护要求、巡护内容、巡护记录、监督管理。

4.4.1 人员组织

一般灌区管理站按管理渠道长短、灌溉面积大小配备工作人员,干渠管理以段为单位,每段渠道设段长1名,配备3~5名渠道巡护员兼配水员。干渠上水期间,24 h值班配水;停水期间,搞好渠道管护巡查工作。支渠管理设支渠长1名,护管员若干名。支渠长由管理总局聘任,护管员由支渠长聘任。支渠管理用人自主,独立经营,员工报酬与具体配水效益挂钩。支渠从干渠分水口接水,量水槽以下支渠属支渠长管理,负责配水给相关斗渠。

4.4.2 设备材料及工器具

设备材料应符合国家或部颁现行技术标准,实行生产许可证和安全认证制度的产品,有许可证编号和安全认证标志,相关合格证等资料齐全。常用检修设备须定期检查,确保其性能良好,随时可以投入使用。易损件、消耗性材料须常备,做到随用随取。

设备配置如表4-5所示。

表4-5 设备配置

序号	名称	规格	设备状态	备注
1	信息化巡查设备		良好	
2	交通车辆		良好	
3	⋮			

安全防护用具如表4-6所示,常用工具如表4-7所示。

表4-6 安全防护用具

序号	名称	规格	设备状态	备注
1	遮阳帽		良好	
2	雨衣		良好	
3	雨鞋		良好	
4	⋮			

表 4-7　常用工具

序号	名称	规格	设备状态	备注
1	照明灯		良好	
2	铁锤、铁钎		良好	
3	钢卷尺		良好	
4	望远镜		良好	
5	⋮			

4.4.3　运行条件

渠道中无施工作业；渠堤护坡无坍塌、水毁等现象；过水能力满足；渠道运行前还应对渠道及渠系建筑物进行全面检查，确保渠道及渠系工程安全畅通。

4.4.4　渠道运用操作流程

渠道运用操作流程如图 4-8 所示。

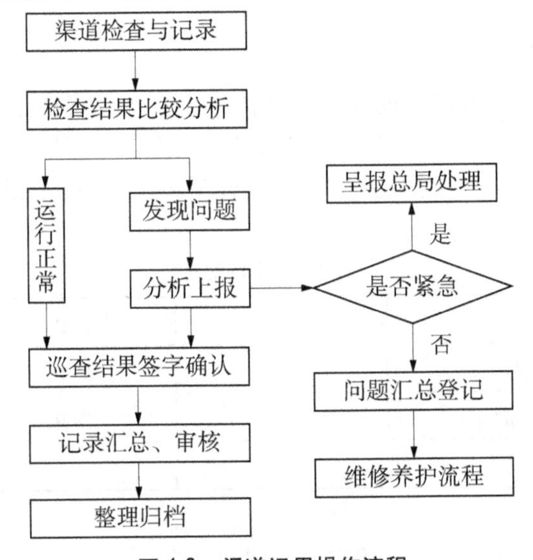

图 4-8　渠道运用操作流程

4.4.5　运行检查项目及要求

（1）检查渠道内有无树枝、杂草等杂物；是否有向渠道内排放污水、废液，倾倒工业废渣、垃圾等废弃物；有无设置影响输水的建筑物、障碍物等。

（2）检查渠堤有无雨淋（冲刷）沟、严重渗漏、裂缝、塌陷等缺陷；混凝土表面有无脱壳、剥落、渗漏等现象；浆砌石是否有塌陷、松动、隆起、底部淘空、垫层流失等现象。

（3）检查渠顶是否有坍塌、人为破坏等现象。

(4)检查渠道管理范围内有无擅自开挖、违章垦植和取土、砍伐等现象。

(5)检查视频监控设备、电路网线、计量设施是否完好。

(6)检查水尺刻度是否清晰,有无锈蚀、损坏等情况。

(7)检查防护桩、警示标志牌是否完好。

(8)检查渠系建筑物是否运行正常,有无坍塌、人为破坏等现象。

4.4.6 运行管理要求

落实渠道各项安全管理措施,有效防范化解各类风险,消除各类安全隐患,保持渠道安全良好运行,保障工程发挥应有效益。

4.4.7 运行管理有关规章制度

渠道运行管理应遵守的制度主要有安全生产责任制度、渠道及工程设施维护管理办法、渠道巡护管理制度、渠道工程维修项目管理办法、支渠养护管理制度、支(斗)渠管理办法、末级渠道管护制度、支斗(口)管理制度。

4.4.8 非正常运行处理的要求及常见问题

常见问题有:渠道防渗板混凝土结构剥落、隆起、渗漏;闸门和启闭机金属结构变形、油漆剥落、锈蚀、铆钉或螺栓松动、闸槽堵塞、止水带不完整;桥梁桥面有沉降、局部出现裂缝、护栏缺角断块等情况。

针对以上非正常运行,管理站应建立责任主体、加强巡护、建立健全事故应急预案。

4.4.9 安全和环境要求

(1)渠道运行安全生产坚持“安全第一、预防为主、综合治理”的方针,认真贯彻落实《中华人民共和国安全生产法》等法律法规,确保全年安全生产工作无事故。

(2)成立以管理站站长担任组长的安全生产工作领导组。严格落实各项责任,完善细化本辖区安全生产工作方案,组织开展全方位、全过程检查,确保安全生产工作目标取得实效。

(3)健全完善安全生产监管责任体系。安全生产工作领导组领导下的安全生产监管责任体系以站长为安全生产第一责任人,健全完善安全制度,明确干渠巡查、管护责任,层层分解、责任到人,确保风险及时发现,无责任类安全事故,并在年底考核中实行“一票否决制”。

(4)认真开展隐患排查治理工作。安全生产隐患排查工作要认真、仔细、全面、不留漏洞,在此基础上对排查出的隐患能处理的要及时处理。

(5)建立健全事故应急预案。事故应急预案要确保事故发生后能立即启动,保证各项工作有条不紊地开展,把事故造成的损失降到最低,并能在最短时间内恢复正常生产。

(6)加强安全生产教育工作,把安全生产教育工作贯穿管理工作始终,常抓不懈。通过在全灌区范围内开展安全生产宣传工作、召开安全生产例会、开展安全培训等方式,切实提高干部职工、灌区群众的安全意识。

(7)渠道环境标准要求:渠堤及渠道内无树枝、杂草、垃圾、乔灌木等;渠堤两侧压顶板或压顶线清晰、外露、整齐、无脱落、无损坏;渠堤及渠道内无扒口;渠道内泥沙淤积量不影响正常过水能力;渠道及渠堤两侧无农作物;渠堤外坡顶线以内无乱搭、乱建、乱堆、乱放现象;渠堤两侧外坡无雨水冲刷、无鼠洞、无陷坑、无损毁;渠堤道路平整无塌陷、无损毁,巡护道路畅通;量水槽水尺位置正确,标尺清晰,上下游 20 m 内及观测井内无杂物、淤积,确保正常使用。

(8)灌区管理站(段)内环境标准:入口醒目,有明显标志;门牌规整,无脱字掉字现象;站(区)内无杂草、无堆积、无垃圾;室内干净整洁,物件整齐,无异味;树木花草修剪整齐、无死角。

尊村引黄分干量水设施见图 4-9。尊村引黄一级干渠见图 4-10。

图 4-9　尊村引黄分干量水设施

图 4-10　尊村引黄一级干渠

4.4.10 运行记录

(1)渠道巡护记录本。

(2)总干渠安全巡查台账。

(3)管理站日报表。

(4)节制闸日常巡查记录表。

(5)倒虹吸日常巡查记录表。

(6)隧洞日常巡查记录表。

(7)桥梁日常巡查记录表。

4.5 变电站控制操作流程

规范变电站控制运用操作,及时准确地执行工作指令,准确有序地开展工作,保持各类信息传递的畅通和各种情况的有效管控,规范工作行为,明确工作流程和要求,提高管理水平,确保变电站设备在投入、切出及运用过程中可靠、安全。

4.5.1 编制依据

(1)《泵站技术管理规程》(GB/T 30948—2014)。

(2)《泵站设备安装及验收规范》(SL 317—2015)。

(3)《继电保护和安全自动装置运行管理规程》(DL/T 587—2016)。

(4)《电力设备预防性试验规程》(DL/T 596—2021)。

(5)《电力变压器运行规程》(DL/T 572—2010)。

(6)《电力系统用蓄电池直流电源装置运行与维护技术规程》(DL/T 724—2021)。

(7)《电力安全工作规程 发电厂和变电站电气部分》(GB 26860—2011)。

4.5.2 设备材料及工器具

设备材料应符合国家或部颁现行技术标准,具有生产许可证和实行安全认证制度的产品,有许可证编号和安全认证标志,相关合格证等资料齐全。常用检修设备须定期检查,确保其性能良好,随时可以投入使用。易损件、消耗性材料须常备,做到随用随取。

设备配置如表4-8所示。

表4-8 设备配置

序号	名称	规格	设备状态	备注
1	红外测温仪		良好	
2	振动仪、噪声测试仪		良好	
3	⋮			

安全器具如表4-9所示,常用工具如表4-10所示。

表 4-9 安全器具

序号	名称	规格	设备状态	备注
1	绝缘棒		良好	
2	绝缘鞋、绝缘手套		良好	
3	安全帽		良好	
4	验电器、验电笔		良好	
5	接地线		良好	
6	⋮			

表 4-10 常用工具

序号	名称	规格	设备状态	备注
1	常用电工工具		良好	
2	万用表		良好	
3	摇表		良好	
4	专用工具、其他常用工具		良好	
5	⋮			

备品件如表 4-11 所示，材料如表 4-12 所示。

表 4-11 备品件

序号	名称	规格	准备数量	实际使用量	备注
1	分合闸线圈				
2	高压熔断器				
3	密封圈				
4	其他常用元器件				
5	⋮				

表 4-12 材料

序号	名称	规格	准备数量	实际使用量	备注
1	变压器油				
2	钙基润滑脂				
3	绝缘清洗剂				
4	其他常用材料				
5	⋮				

4.5.3 指令执行流程

变电站指令执行流程如图 4-11 所示。

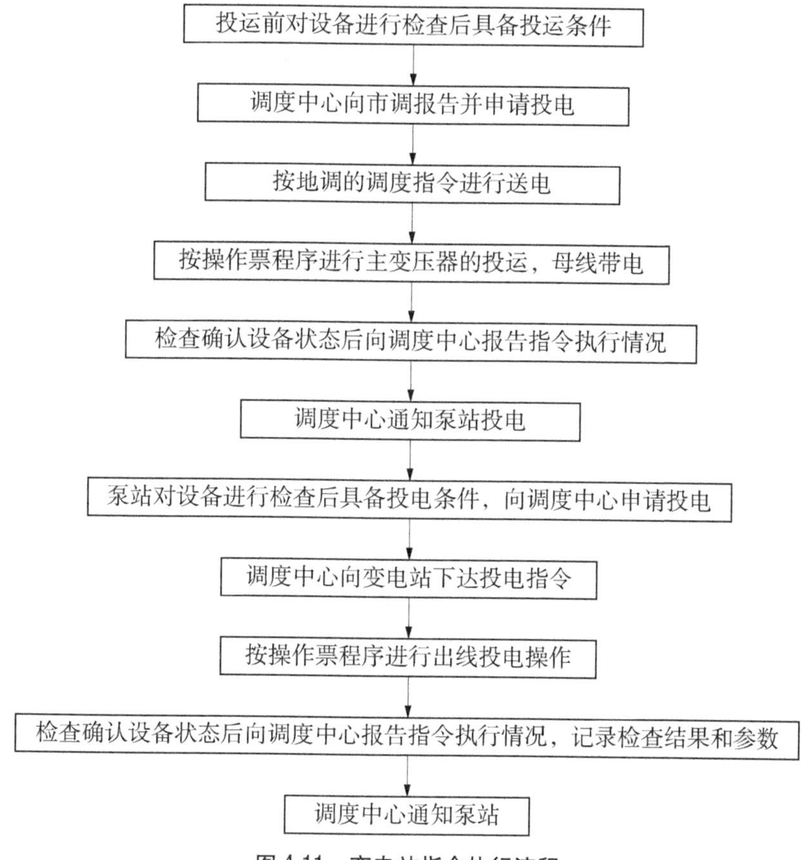

图 4-11 变电站指令执行流程

4.5.4 控制操作流程

变电站控制操作流程如图 4-12 所示。

4.5.5 运行管理要求

根据变电站运行规程和实际情况，泵站运行期间严格遵守相关规章制度，按规定要求对设备及工程设施进行检查，及时处理运行故障和突发事件，确保设施安全运用。当变电站发生事故时，应迅速采取有效措施，防止事故扩大，减少人员伤亡和财产损失，并立即向上级报告，在事故不扩大的原则下，保护设备继续运行。

4.5.6 运行管理有关规章制度

变电站运行管理应遵守的制度主要有运行值班制度、交接班制度、设备巡查制度、开停机制度、工作票制度、操作票制度、安全生产责任制度、设备档案及技术资料管理制度等。

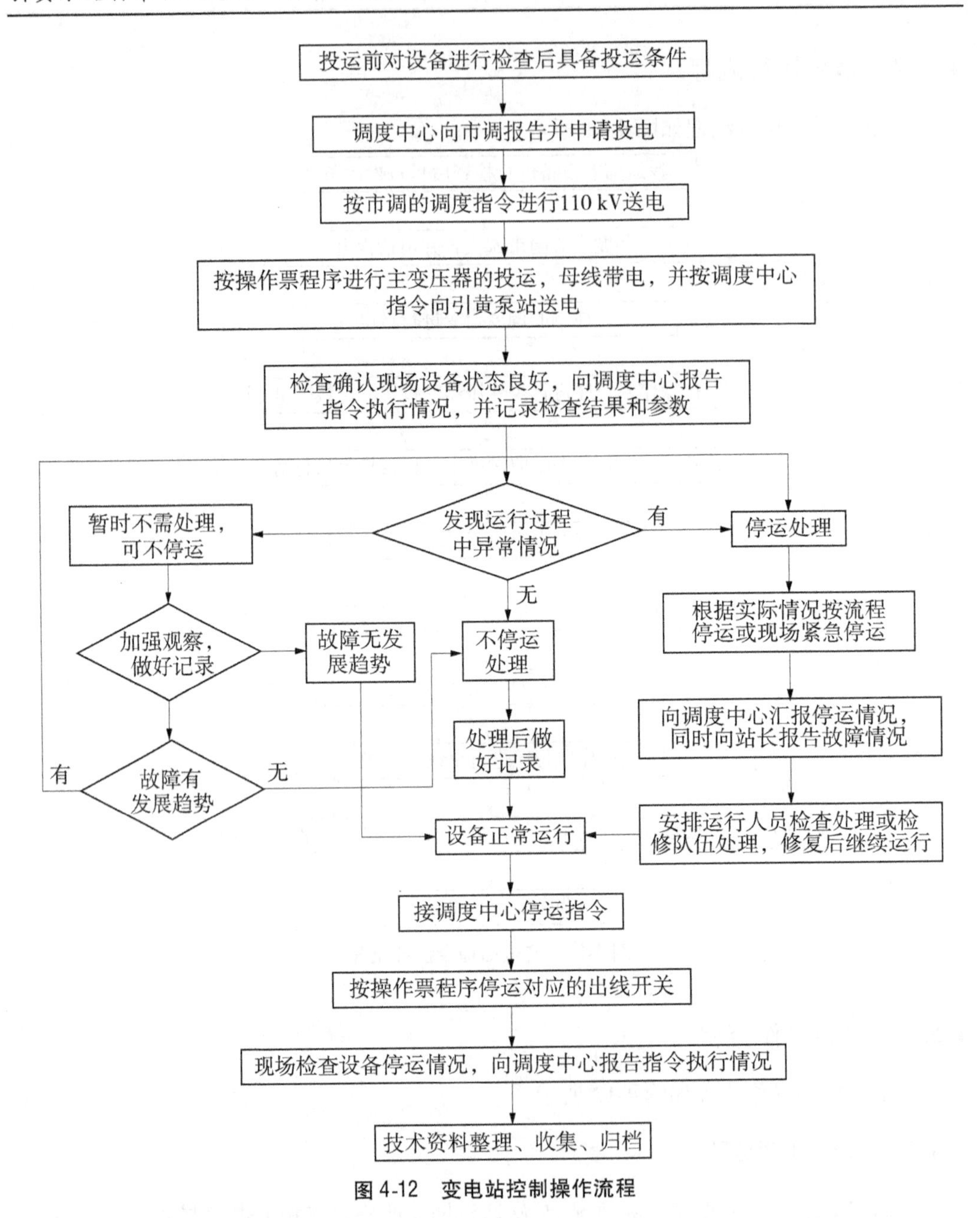

图 4-12　变电站控制操作流程

4.5.7　非正常运行处理的要求及常见问题

变电站发生不正常运行时，值班人员应立即查明原因，尽快排除故障。对人身、设备安全有威胁的故障，应立即排除，必要时要停止运行，对未受影响的设备应尽量保持其运行，在故障排除前，应加强对设备的监视，确保设备继续安全供电。事故处理前，应首先保证站用电源。事故处理时，值班员必须留在自己的工作岗位上，在统一指挥下处理事故，应详细记录从事故发生到事故处理各阶段的现象、保护动作时间、操作等项目，并及时向调度中心、调度及有关领导报告。

4.5.8　安全和环境要求

(1)设备运行环境整洁,设备无积尘,巡视通道畅通,标志明显。

(2)消防器材配备齐全,安全警示标志齐全、明显。

(3)中控室、值班室干净整洁,无异味;所有室内及其他设备附近禁止吸烟,严禁明火。

(4)设备停、送电须专人执行,专人监护,防止误操作。

(5)值班室应配置与运行有关的安全用具、图纸和规程、制度等。

4.5.9　运行记录

(1)运行值班记录。

(2)交接班记录。

(3)操作票。

(4)故障记录。

(5)参数记录。

5 泵站检查流程编制

5.1 经常性检查流程

5.1.1 目的

指导和规范泵站、变电站工程经常性检查工作，及时掌握工程建筑物完整性与设备的技术状况，及时发现工程存在的问题和设备隐患，以便采取必要的应对措施，保证工程安全运行，充分发挥工程的综合效益。

5.1.2 适用范围

经常性检查流程适用于引黄泵站及变电站工程的经常性检查。

5.1.3 编制依据

《泵站技术管理规程》(GB/T 30948—2014)。

5.1.4 管理职责

各管理站根据工程管理规程和具体的工程管理技术细则，按照经常性检查内容与频次，由值班人员负责实施。

5.1.5 经常性检查流程图

泵站经常性检查流程图如图 5-1 所示。

5.1.6 工作要求

(1)开机运行期间，对运行的设备值班员每 2 h 巡查 1 次(遇特殊情况时增加巡查次数)，长期停运的设备每季度全面检查 1 次；非开机运行期间，值班员每班巡查 2 次。

(2)值班员要及时处理巡查中发现的问题。

(3)当泵站工程处于满负荷运行状态或遭受不利因素影响时，对容易发生问题的设备或部位应加强检查观察。

(4)检查线路应根据泵站工程及管理范围的实际情况设计，巡查线路包括中控室、高压配电室、低压配电室、站用变压器室、电容器室、主厂房、泵站上游、泵站下游，以及管理范围内其他设施、建筑物等。不同泵站因设备不同，布置位置不同，线路也不尽相同，但线路应尽可能简捷，无重复或少重复。

(5)巡视检查以目视检查为主，如发现异常情况，要及时分析原因，采取应急措施，并

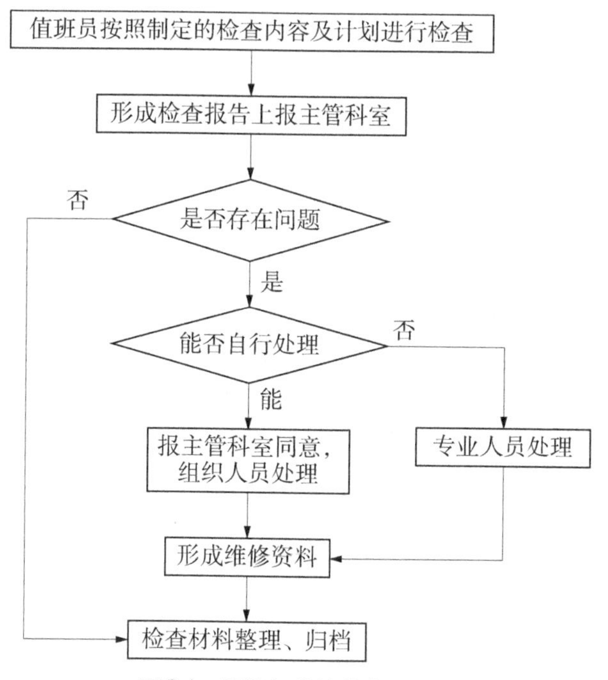

图5-1 泵站经常性检查流程图

向站领导和主管科室汇报。对一时不能处理的问题,要制订相应的预案和应急对策,必要时应采取相应措施重点检查,根据检查结果及时处理。

5.1.7 相关记录

(1)泵站机电设备运行记录表。

(2)泵站安全巡查台账。

5.2 定期检查流程

5.2.1 目的

指导和规范工程定期检查工作,以便较全面地掌握工程建筑物完整性与设备的技术状况,评估抗旱度汛能力和长时间运行后工程状况,为制订大修计划和维护保养计划提供依据。

5.2.2 适用范围

定期检查流程适用于引黄泵站及变电站工程的定期检查。

5.2.3 编制依据

《泵站技术管理规程》(GB/T 30948—2014)。

5.2.4 管理职责

(1)各泵站要按照定期检查的有关要求,成立检查工作小组,分解工作任务,明确工作要求,落实工作责任,加强检查考核。

(2)各单位应根据定期检查的内容和要求对本站管理的工程进行全面检查,填写定期检查表,并根据检查情况制订大修或维修养护计划。

5.2.5 定期检查流程图

泵站定期检查流程图如图5-2和图5-3所示。

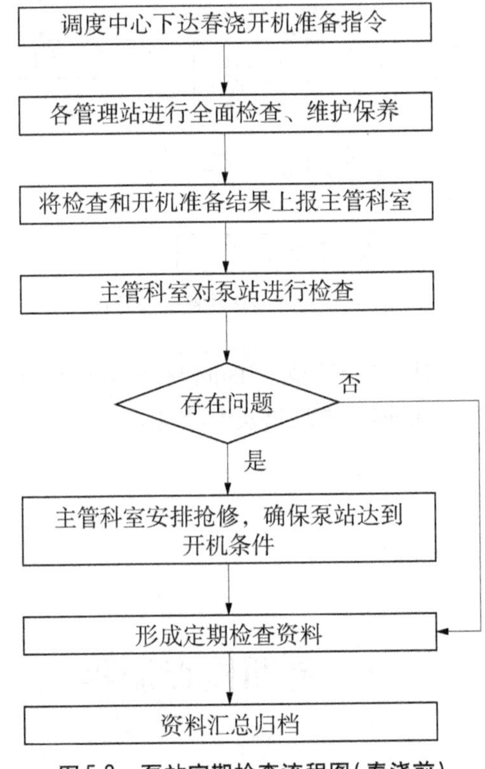

图5-2 泵站定期检查流程图(春浇前)

5.2.6 工作要求

(1)检查内容要全面,数据要准确。若发现安全隐患或故障,应在检查后汇总地点、位置、危害程度等详细信息。检查后,技术人员如实填写定期检查表。

(2)对检查发现的安全隐患或故障,管理站应及时安排进行处理,对影响工程安全运行而一时又无法解决的问题,应制订好应急处置方案,并上报主管科室。

(3)定期检查每年2次,分为春浇前检查和夏浇后检查。春浇前检查是在泵站春浇开机运行前进行的全面检查,为开机运行做好准备。夏浇后检查是在泵站夏浇结束后进行的全面检查,排查处理运行中存在的问题,冬浇开始前完成。

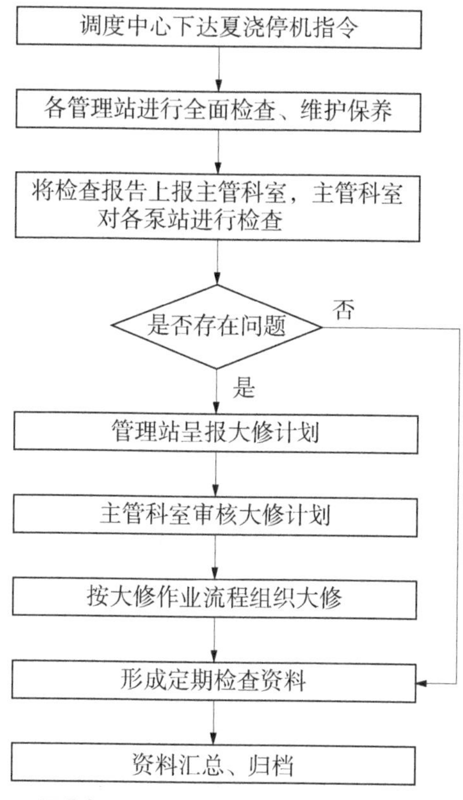

图 5-3 泵站定期检查流程图(夏浇后)

5.2.7 相关记录

(1)定期检查表。

(2)设备评级表。

5.3 特别检查流程

5.3.1 目的

指导和规范泵站、变电站工程遭受特大洪水、强烈地震和发生重大工程事故时开展特别检查工作,以便较全面地掌握和评估工程建筑物的完整性与设备的技术完好状况,为实施应急抢险和制订维修养护计划提供依据。

5.3.2 适用范围

特别检查流程适用于引黄泵站、变电站工程的特别检查。

5.3.3 编制依据

《泵站技术管理规程》(GB/T 30948—2014)。

5.3.4 管理职责

(1)管理站按照特别检查的有关要求,成立检查工作小组,分解工作任务,明确工作要求,落实工作责任。必要时报请上级主管部门及有关部门会同检查。

(2)管理站参照定期检查的内容和要求对本站的工程进行全面检查。

(3)检查后,本站技术人员参照定期检查格式填写特别检查表,对检查结果形成检查报告,并上报主管科室审核,做好资料汇总、归档工作。

5.3.5 特别检查流程图

泵站特别检查流程图如图5-4所示。

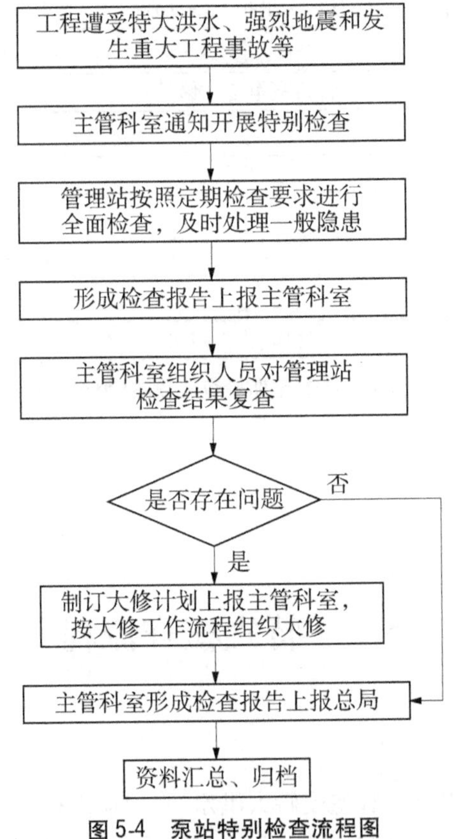

图5-4 泵站特别检查流程图

5.3.6 工作要求

(1)特别检查工作要精心组织,建立专门组织机构,落实工作职责,分工明确。

(2)检查内容要全面,数据要准确。若发现安全隐患或故障,应在检查后汇总地点、位置、危害程度等详细信息。

(3)对检查发现的安全隐患或故障,管理站应及时安排进行抢修,对影响工程安全运行一时又无法解决的问题,应制定好应急处置措施,并上报主管科室及总局,将重大工程隐患汇总并上报上级水利部门。

(4)特殊检查根据实际情况,可委托专业检测机构对灌区工程进行安全鉴定。

5.3.7 相关记录

(1)定期检查表。

(2)特别检查报告。

5.4 泵站工程观测流程

5.4.1 目的

掌握泵站工程的运行状态和运用情况,及时发现工程隐患,防止事故发生,充分发挥工程效益,延长工程使用寿命,并为工程维护、保养和改建、扩建提供必要的资料。

5.4.2 适用范围

工程观测流程适用于泵站开展工程观测、整编观测资料及观测数据的分析。

5.4.3 编制依据

(1)《国家一、二等水准测量规范》(GB/T 12897—2006)。

(2)《国家三、四等水准测量规范》(GB/T 12898—2009)。

(3)《土石坝安全监测技术规范》(SL 551—2012)。

(4)《水利水电工程测量规范》(SL 197—2013)。

(5)《混凝土结构设计规范》(GB 50010—2010)。

5.4.4 观测准备

5.4.4.1 人员组织

工程观测由观测员定期对工程进行观测,一般为固定人员。较复杂的观测任务,需根据内容及要求,配备负责人、技术人员、观测员实施观测工作。人员配置如表5-1所示。

表5-1 人员配置

序号	观测项目	负责人	参加人员
1	垂直位移观测		
2	伸缩缝观测		
3	进、出水池水位		
4	流量		
5	进水流态		
6	基本水准点校验		

5.4.4.2　**设备准备**

观测设备均应符合国家或部颁标准,相关检测资料齐全。常用设备定期检查,确保其性能良好,随时可以投入使用。设备配置如表5-2所示。

表5-2　设备配置

序号	名称	规格	设备状态	备注
1	电子水准仪		良好	
2	条码铟钢尺、三脚架		良好	
3	皮尺、游标卡尺		良好	
4	测深锤、测深仪		良好	
5	⋮			

5.4.4.3　**工作条件**

仪器工具准备齐全,安全防护设施完好。

5.4.5　观测流程图

对于日常观测项目及零星观测项目,可以在条件许可的情况下,直接进行观测,并做好记录。对于较复杂的观测工作,委托专业单位实施。泵站工程观测工作流程图如图5-5所示。

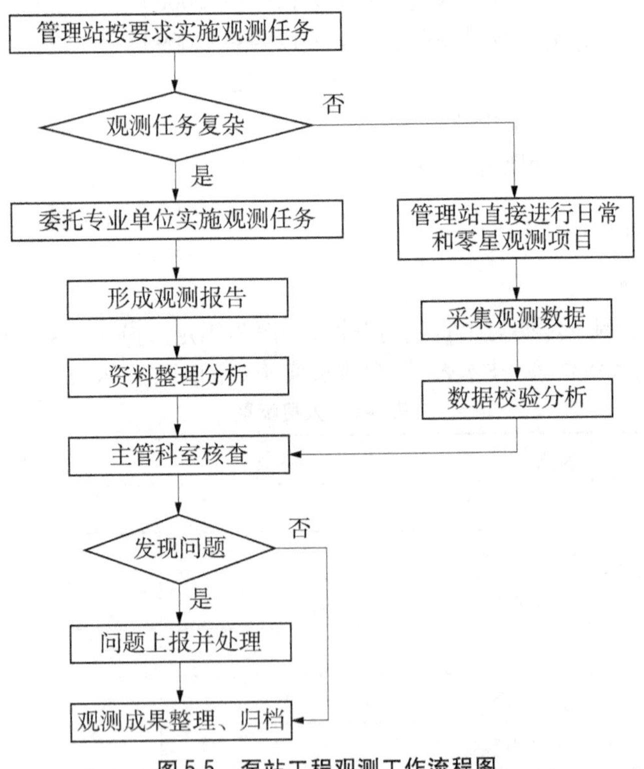

图5-5　泵站工程观测工作流程图

5.4.6 工作要求

（1）观测频次。垂直位移观测每年 2 次，伸缩缝观测每年 2 次，进、出水池水位、流量、进水流态实时观测，基本水准点校验每 5 年 1 次，特殊时期（如洪水、地震等）应增加测次，具有相关性的观测项应同时进行。

（2）日常性的简单观测工作由管理站直接进行，复杂的专业性较高的观测项目可委托第三方专业结构进行。

（3）每次观测后，管理站应随即对原始记录加以检查和整理分析，并上报主管科室核查。

（4）资料整编成果应做到项目齐全、考证清楚、数据可靠、方式合理、图标完整、规格统一、说明完备，整编完成后及时归档。

（5）资料分析：

①观测成员与以往成果比较，变化规律、趋势应合理；

②观测成果与相关项目观测成果比较，变化规律趋势应具有一致性和合理性；

③观测成果与设计或理论计算比较，规律应具有一致性和合理性；

④通过过程线，分析随时间的变化规律和趋势；

⑤通过相关参数、相关项目过程线，分析相关程度和规律。

5.4.7 相关记录

（1）泵站机电设备运行记录表。

（2）水工建筑物观测成果记录表。

（3）观测成果报告。

6　渠道和渠系建筑物工程检查流程编制

6.1　经常性检查流程

6.1.1　目的

指导和规范渠道及渠系建筑物工程经常性检查工作，及时掌握工程建筑物的完整性与技术状况，及时发现工程存在的问题和隐患，以便采取必要的应对措施，保证工程安全运行，充分发挥工程的综合效益。

6.1.2　适用范围

经常性检查流程适用于引黄总干渠、分干渠、支渠、斗渠，渠系建筑物（进水闸、节制闸、分水闸、斗门、桥梁、隧洞、渡槽、涵洞、倒虹吸等）工程及其配套金属结构和电子设备的经常性检查。

6.1.3　编制依据

（1）《中华人民共和国水法》。

（2）《中华人民共和国安全生产法》。

（3）《水工程管理条例》。

（4）《引黄灌区管理办法》。

（5）《引黄灌区渠道安全巡查制度》。

（6）《引黄灌区支（斗）渠管理办法》。

6.1.4　管理职责

各灌区管理站根据工程管理规程和具体的工程管理技术细则，按照经常性检查内容与频次，由值班人员负责实施。主要包括渠道输配水生产安全、渠道及渠系建筑物安全管护及渠道水质安全，及时排查污染源，阻止污水向干渠内排放。

6.1.5　经常性检查流程图

灌区站经常性检查流程图如图6-1所示。

6.1.6　工作要求

灌区管理站管理人员应按照规定的检查内容、次数、时间、顺序，对渠道及渠系建筑物各部位、闸门及启闭机、动力设备、电子通信设施、管理范围和保护范围的保护状态和水流

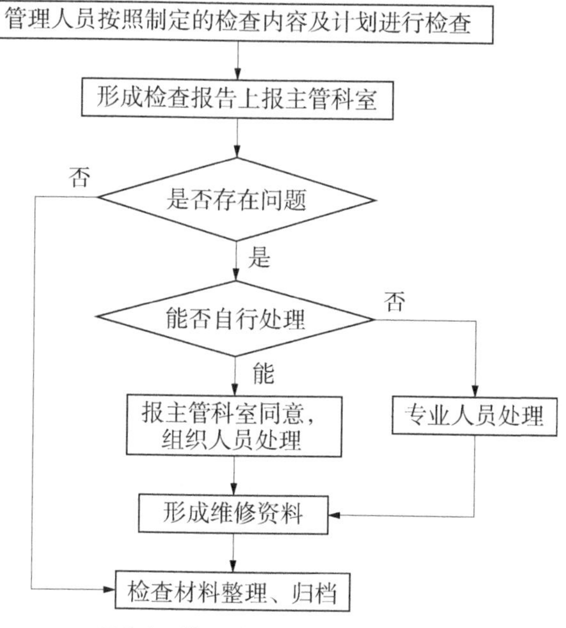

图 6-1 灌区站经常性检查流程图

形态等进行经常性检查观察。一般实行每日巡渠制度，如发现问题及时处理。在汛期或高水位运行期间，增加巡查次数。必要时，对可能出现险情的部位昼夜监视。经常性检查必须认真执行，详细记录，存入技术档案。

6.1.7 相关记录

(1)渠道巡护记录本。

(2)总干渠道安全巡查台账(检查日志)。

6.2 定期检查流程

6.2.1 目的

掌握工程动态，评估抗旱度汛能力和长时间运行后的工程状况，及时发现异常，分析原因，采取措施，防止事故发生，保证工程安全运行。

6.2.2 适用范围

定期检查流程适用于引黄总干渠险段，高填方渠段，砌石护坡段，隧洞、渡槽等建筑物，电子设备(信息传输系统、摄像头)等工程的定期检查。

6.2.3 编制依据

(1)《中华人民共和国水法》。

(2)《中华人民共和国安全生产法》。

(3)《水工程管理条例》。

(4)《引黄灌区管理办法》。

(5)《引黄灌区渠道安全巡查制度》。

(6)《引黄灌区支(斗)渠管理办法》。

6.2.4 管理职责

管理人员负责渠道及渠系建筑物、生产设备等的安全管护,建立巡查台账。

6.2.5 定期检查流程图

灌区站定期检查流程图如图 6-2 所示。

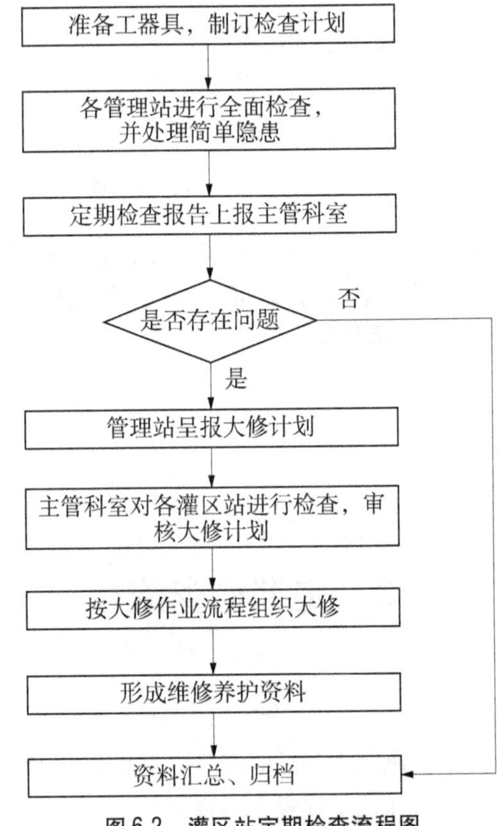

图 6-2 灌区站定期检查流程图

6.2.6 工作要求

(1)灌区每年组织 3 次定期检查,分别在 4 月初、8 月初、10 月中旬完成。

(2)定期检查须对灌区工程进行全面检查,检查范围、内容和线路参照日常巡查执行;重点检查内容包括总干渠险段的滑坡现象,高填方渠段、砌石护坡段在恶劣天气后工程状态变化,隧洞、渡槽等建筑物在恶劣天气后工程状态变化,电子设备(信息传输系统、摄像头等)在雨雪天气后有无损坏。

(3)定期检查时原则上工程技术人员应参与检查。

(4)定期检查完成后须编写定期检查报告,报主管科室。

6.2.7 相关记录

(1)渠道定期检查记录表。

(2)节制闸定期检查记录表。

(3)倒虹吸定期检查记录表。

(4)隧洞定期检查记录表。

(5)桥梁定期检查记录表。

(6)电子设备检查记录表。

6.3 特别检查流程

6.3.1 目的

指导和规范渠道及渠系建筑物遭受特大洪水、地震、重大工程事故和其他异常情况时开展特别检查工作,以便管理单位掌握工程动态,及时发现异常,分析原因,采取措施,防止发生事故,保证工程安全运行。

6.3.2 适用范围

特别检查流程适用于引黄总干渠险段,高填方渠段,砌石护坡段,隧洞、渡槽等建筑物,电子设备(信息传输系统、摄像头)等工程的特别检查。

6.3.3 编制依据

(1)《中华人民共和国水法》。

(2)《中华人民共和国安全生产法》。

(3)《水工程管理条例》。

(4)《引黄灌区管理办法》。

(5)《引黄灌区渠道安全巡查制度》。

(6)《引黄灌区支(斗)渠管理办法》。

6.3.4 管理职责

(1)在发生特大洪水、地震、重大工程事故和其他异常情况时,管理站按照特别检查的有关要求,成立检查工作小组,对渠道及渠系建筑物全面检查,必要时报请上级主管部门及有关部门会同检查。

(2)管理站参照定期检查的内容和要求对本站的工程进行全面检查。

(3)检查后,本站技术人员参照定期检查格式填写特别检查表,将检查结果形成检查报告,并上报主管科室审核,做好资料汇总、归档工作。

6.3.5 特别检查流程图

灌区站特别检查流程图如图 6-3 所示。

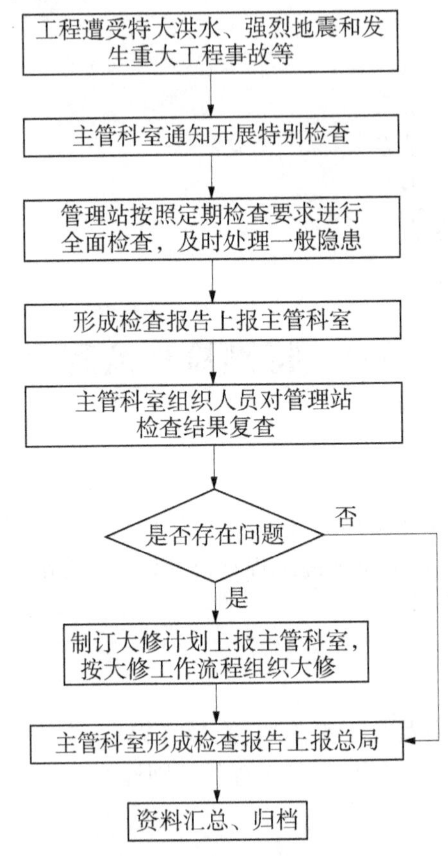

图 6-3 灌区站特别检查流程图

6.3.6 工作要求

(1)特别检查是灌区发生特大暴雨、地震、极端天气等特殊情况下,管理站组织开展的灌区水利工程安全大检查;重点检查内容包括总干渠险段的滑坡现象,高填方渠段、砌石护坡段在恶劣天气后工程状态变化,隧洞、渡槽等建筑物在恶劣天气后工程状态变化,电子设备(信息传输系统、摄像头等)在雨雪天气后有无损坏。

(2)特别检查由管理站负责组织实施,检查前应制订检查计划,并上报主管部门。

(3)特殊检查根据实际情况,可委托专业检测机构对灌区工程进行安全鉴定。

(4)特殊检查结束后应编写检查报告报主管部门备案。

6.3.7 相关记录

(1)渠道特殊检查记录表。

(2)节制闸特殊检查记录表。
(3)倒虹吸特殊检查记录表。
(4)隧洞特殊检查记录表。
(5)桥梁特殊检查记录表。
(6)电子设备检查记录表。

6.4　渠道工程观测流程

6.4.1　目的

掌握渠道及渠系建筑物工程的状态和运用情况,及时发现工程隐患,防止事故发生,充分发挥工程效益,延长工程使用寿命,并为工程维护、保养和改建、扩建提供必要的资料。

6.4.2　适用范围

工程观测流程适用于引黄灌区的渠道及渠系建筑物开展工程观测、整编观测资料及观测数据的分析。

6.4.3　编制依据

(1)《国家一、二等水准测量规范》(GB/T 12897—2006)。
(2)《国家三、四等水准测量规范》(GB/T 12898—2009)。
(3)《土石坝安全监测技术规范》(SL 551—2012)。
(4)《水利水电工程测量规范》(SL 197—2013)。
(5)《混凝土结构设计规范》(GB 50010—2010)。
(6)《引黄工程观测制度》。

6.4.4　观测准备

6.4.4.1　人员组织

工程观测由观测员定期对工程进行观测,一般为固定人员,较复杂的观测任务,需根据内容及要求,配备负责人、技术人员、观测员实施观测工作。人员配置如表6-1所示。

表6-1　人员配置

序号	观测项目	负责人	参加人员
1	垂直位移观测		
2	伸缩缝观测		
3	渠道断面		
4	流量		
5	水位		
6	基本水准点校验		

6.4.4.2 设备准备

设备配置包括测量仪器(水准仪、经纬仪、电磁波测距仪、全站仪、卫星定位系统)、锥探仪器(打锥机、电磁仪、数字电阻率仪)、水位观测仪器(水尺、自记水位计)。

观测设备均应符合国家或部颁标准,相关检测资料齐全。常用设备定期检查,确保其性能良好,随时可以投入使用。设备配置如表 6-2 所示。

表 6-2 设备配置

序号	名称	规格	设备状态	备注
1	电子水准仪		良好	
2	经纬仪		良好	
3	电磁波测距仪		良好	
4	测深锤、测深仪		良好	
5	水尺、水位计		良好	
6	⋮			

6.4.4.3 工作条件

仪器工具准备齐全,灌区工程现场、天气允许工程观测。

6.4.5 工程观测流程图

灌区站工程观测流程图如图 6-4 所示。

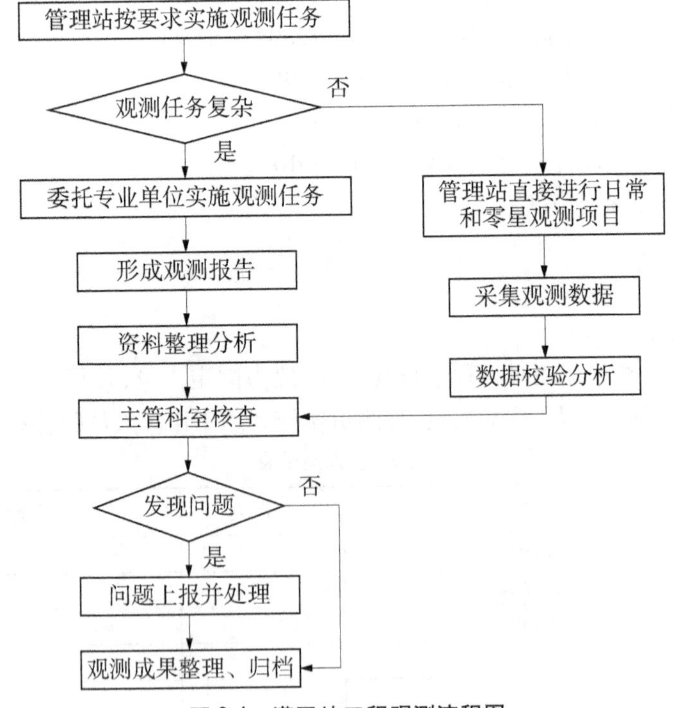

图 6-4 灌区站工程观测流程图

6.4.6 工作要求

（1）工程观测是对水工建筑物的工作状态及其变化进行的定期观测。工程观测需根据需要在水工建筑物表面、内部以及周围环境中，选择有代表性的部位或断面，按需要配备观测设备，用仪器对某些物理量进行系统的观测。

（2）日常性的简单观测工作由管理站直接进行，复杂的专业性较高的观测项目可委托第三方专业结构进行。

（3）工程观测后应编写观测报告报主管部门备案。

6.4.7 相关记录

（1）水工建筑物观测成果记录表。

（2）观测成果分析报告。

7 调度管理操作流程编制

7.1 目 的

更好地遵守服务中心制度，运用相关技术、管理规定，明确调度运用中工作流程的要求，规范调度管理行为，严格执行服务中心的各项调度指令，确保灌区安全运行，发挥农业灌溉、生态补水、工业及城镇居民生活用水等综合效益。

7.2 适用范围

调度管理操作流程适用于管理范围内泵站、灌区的调度运用以及相关配套水闸的调度运用。

7.3 编制依据

(1)《供水生产经营管理制度》。

(2)《泵站运行管理规程》。

(3)《引黄供水计量工作手册》。

7.4 管理职责

根据工业、农业、城市、生态等用水需求统计、编制和下达用水计划及调度指令；协同提水运行安全管理科做好提水运行安全管理站的随启随停、及时率的考核工作；协同输售水管理科做好输售水计划下达及指标考核；协调提水运行安全管理、输售水管理、计量管理、信息中心的业务工作；对调度“发现问题告知单”处理结果跟踪并反馈考核监督部门；负责提水运行安全管理站的供用电业务日常联系事宜；做好上传下达，科学分析，及时报送生产情况统计表，为全局工作进展提供准确依据。

7.5 运用操作编制

7.5.1 指令执行流程图

指令执行流程图如图 7-1 所示。

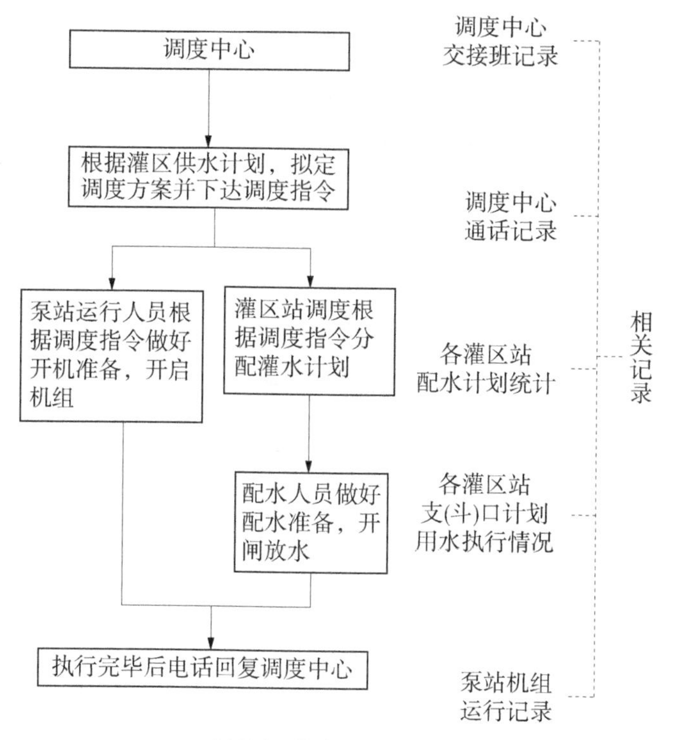

图 7-1 指令执行流程图

7.5.2 调度管理流程图

调度管理流程图如图 7-2 所示。

7.5.3 运行检查项目及要求

运行过程中值班调度要随时观察渠道水位及来水流量，及时核对各输售水管理站的配水流量，保证渠道输水平稳、上下游均衡受益，各用水户按计划配水。

7.6 运行管理要求

7.6.1 调度管理规定

调度中心根据灌区用水需求编制用水计划，并将计划下达给各泵站和灌区站；泵站及时启动机组投入运行，灌区站按照调度中心下达计划进行配水，并做好指令执行情况的相关记录。

(1)各泵站和灌区站调度只接受调度中心总调指令，不接受其他任何部门或个人意见。

(2)各灌区站执行计划用水。

(3)泵站按调度指令在规定时间内完成开、停机操作及流量控制。

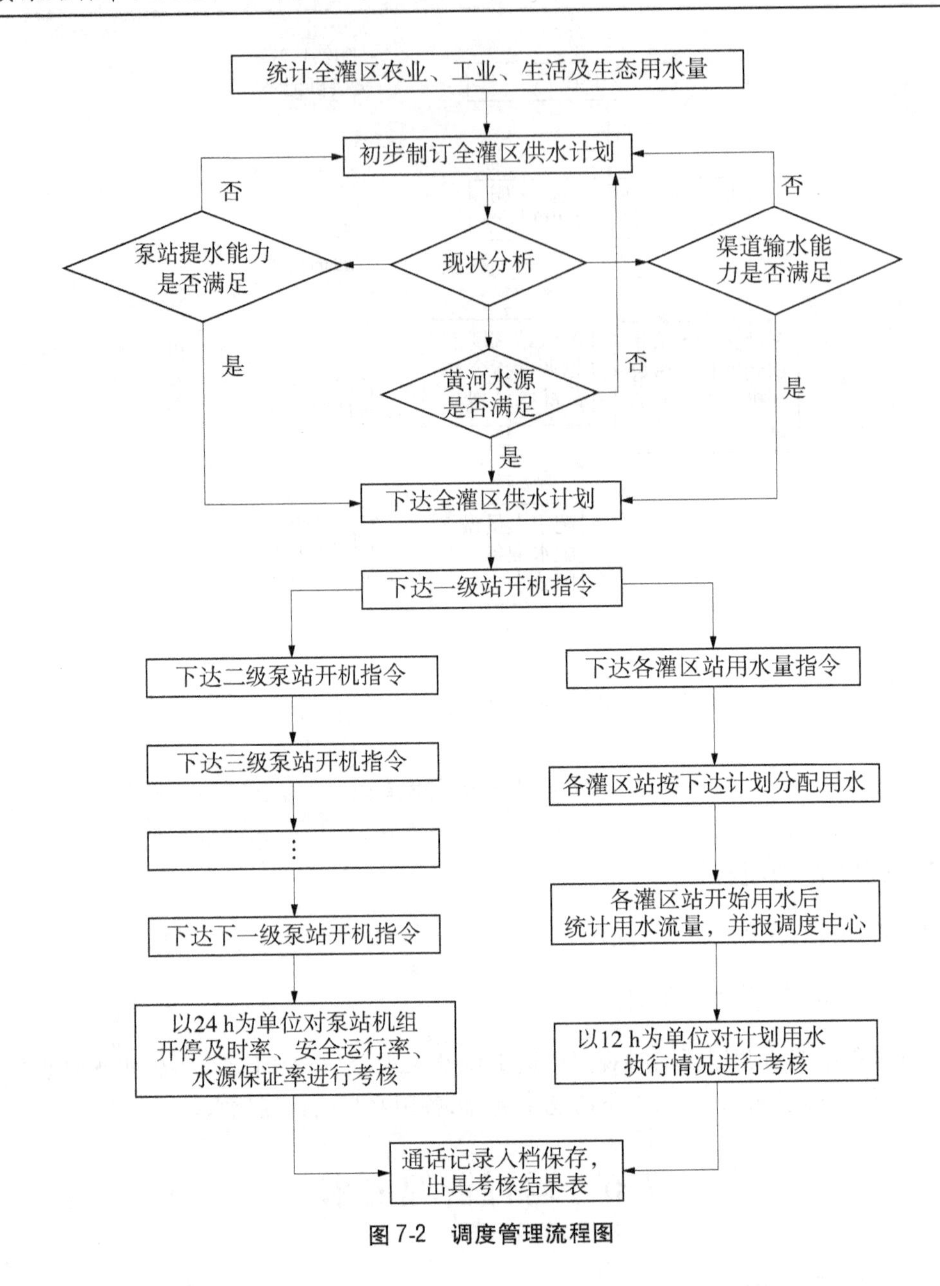

图7-2　调度管理流程图

7.6.2　非正常运行的常见问题及处理要求

7.6.2.1　常见问题

常见问题主要包括泵站突然停电、调度中心停电、农灌高峰期突降大雨、渠堤决口，甚至出现人员伤亡等。此外，还有抗旱问题。

7.6.2.2　编制问题处理应急预案

(1)泵站突然停电应急预案。

(2)调度中心停电应急预案。

(3)农灌期突降大雨应急预案。

(4)渠堤决口(渠道人员伤亡)应急预案。

(5)抗旱应急预案。

7.6.3 调度管理考核报告内容

(1)灌区管理站计划用水的考核。

(2)各级提水站开、停机及时率的考核。

(3)水源保证率的考核。

(4)相关部门的协调。

7.7 运行记录

(1)调度人员认真做好调度记录。调度中心日常如图 7-3 所示。

图 7-3 调度中心日常

(2)调度中心交接班记录。

(3)调度中心通话记录。

(4)各灌区配水计划统计。各灌区配水计划统计界面如图 7-4 所示。

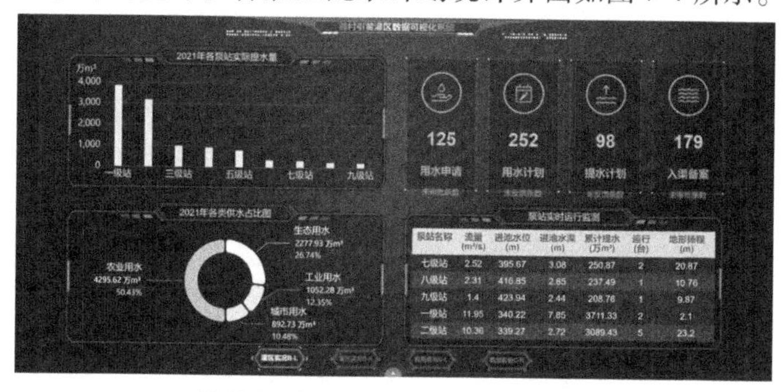

图 7-4 各灌区配水计划统计界面

(5)提水运行安全管理站机组运行记录。一级站控制室如图 7-5 所示。各提水站运行记录界面如图 7-6 所示。

(6)各灌区输售水管理站支(斗)口计划用水执行情况。

图 7-5　一级站控制室

图 7-6　各提水站运行记录界面

8 计量管理操作流程编制

8.1 目 的

计量管理是灌区灌溉管理工作的关键部分，是合理利用、优化调度水资源，精准灌溉，正确执行用水计划，实施计划用水、科学用水的一项必要措施，也是灌区水费计收的依据。

8.2 适用范围

各提水运行安全管理站和各输售水管理站。

8.3 编制依据

（1）《灌溉渠道系统量水规范》（GB/T 21303—2017）。

（2）《引黄供水计量工作手册》（2017 年）。

8.4 控制运用组织

8.4.1 人员组织

计量管理科科长 1 名、管道计量管理专职技术人员 1 名、明渠计量专职技术人员 2 名；各级提水站和各灌区站的驻站计量员 8 名。计量管理科统一领导，各级提水站和各灌区站分级负责。

8.4.2 设备配置

设备配置如表 8-1 所示。

表 8-1 设备配置

序号	名称	规格	设备状态	备注
1	明渠流量计		良好	
2	FLEXIM 超声波流量计		良好	
3	测厚仪		良好	
4	测距仪		良好	
5	水准仪		良好	
6	流速仪		良好	
7	⋮			

8.4.3 运行条件

计量设施、设备在完好情况下,在灌区环境中即可正常使用。

8.5 运用操作流程

8.5.1 新增计量设备工作流程

新增计量设备工作流程如图 8-1 所示。

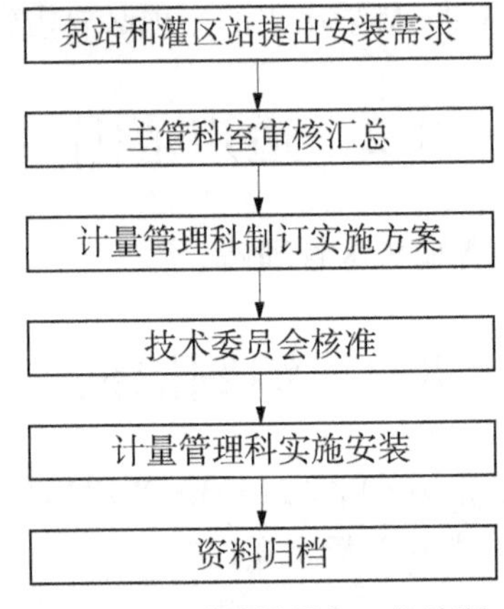

图 8-1 新增计量设备工作流程

8.5.2 计量设备检查流程

计量设备检查流程如图 8-2 所示。

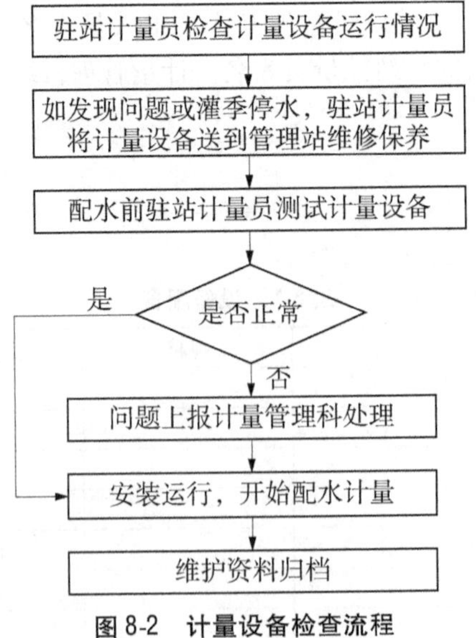

图 8-2 计量设备检查流程

8.5.3 运行检查项目及要求

(1)检查计量设备外观整体完好、无损坏,无淤积和杂物影响,能正常使用。

(2)检查计量设备电池电压正常,传感器浮子无泥沙堵塞,各项参数指标正确、达标,可以正常开、停。

(3)检查计量数据准确无偏差。

(4)检查观测井内无泥沙淤积,观测井连通管通畅。

(5)认真做好各项记录。

8.6 运行管理要求

8.6.1 运行管理有关规章制度

《灌区提水售水计量管理暂行办法(试行)》。

8.6.2 非正常运行处理的要求及常见问题

8.6.2.1 超声波流量计

(1)未正常开机,如屏幕显示"可以安全关机",按 RESET 键,主机重新启动进入界面。

(2)未进入"流量系统"界面,用鼠标双击桌面"GER9000"图标进入界面。如果还未正常进入,按主机上"RESET"按钮,重新启动。

(3)机组正常运行中,超声波流量计流量突然变小,管道内壁安装的换能器可能被柴草挂住,影响流量。

(4)流量不正常时,查看"测量状态代码"上报计量管理科。

8.6.2.2 电磁流量计

未正常开机,查看电源开关是否正常;数据显示异常,立即通知计量管理科。

8.6.2.3 明渠流量计

(1)流量计显示不正常时,检查电池供电是否接触不良,重新插上接头,观察显示是否正常。

(2)检查电池电压,电压低于 3.75 V 时,更换电池(4.2 V)。

(3)如水位数值长时间没有变化,检查传感器浮子是否被泥沙堵塞,应对传感器机体进行清洁。

(4)检查观测井内的泥沙是否淤积过多。

(5)检查观测井连通管内是否被污物和泥沙堵塞。

(6)流量计仍无法正常工作,立即通知计量管理科。

8.6.3 安全和环境要求

计量设施设备表面清洁,周边环境整洁,磁致伸缩流量计有防盗措施,定期清理观测井中的淤泥,设施设备运行状况良好。泵站各压力管流量计显示柜如图 8-3 所示。提水点管道流量计如图 8-4 所示。提水点户外防盗水电双控计量设施如图 8-5 所示。

图 8-3　泵站各压力管流量计显示柜

图 8-4　提水点管道流量计

图 8-5　提水点户外防盗水电双控计量设施

8.7　运行记录

引黄计量设备运行记录表。

9　信息化及自动化管理流程编制

9.1　目　的

为加强对计算机信息化系统的运行管理，提高工作质量和管理有效性，实现计算机信息化系统维护、操作规范化，确保计算机信息化系统安全、可靠运行，结合引黄泵站运行管理单位实际情况编制。

9.2　适用范围

本实施方案是根据引黄灌区实际情况编制的，基本满足灌区、泵站信息化设备运行管理的规定、组织管理、设备维修与养护、信息管理、安全管理等要求。

9.3　编制依据

（1）《计算机软件可靠性和可维护性管理》（GB/T 14394—2008）。
（2）《信息安全技术 信息系统安全管理要求》（GB/T 20269—2006）。
（3）《数据中心设计规范》（GB 50174—2017）。
（4）《综合布线系统工程验收规范》（GB/T 50312—2016）。
（5）《水利水电工程通信设计技术规范》（SL 517—2013）。

9.4　控制运行组织

9.4.1　人员组织

明晰管理组织体系，信息化设备由信息中心2名人员专人负责管理、维修，由各科室（站）值班工作人员日常维护管理随时观测信息化设备数据回传、视频监控等是否正常运行。

9.4.2　设备材料及工具

设备材料及工具如表9-1所示。

9.4.3　运行条件

（1）操作中发生疑问时，应立即停止操作并向运行负责人报告，调查清楚后再进行操作,不得擅自更改操作系统后台,不应随意解除、关闭。

表 9-1　设备材料及工具

序号	名称	规格	设备状态	备注
1	光纤检测笔		良好	
2	系统 U 盘		良好	
3	网线钳		良好	
4	笔记本电脑		良好	
5	⋮			

(2)开机前应检查设备线路、设备静态状态,如有异常情况应妥善处理,无法处理的及时上报。待异常情况排除后,才能进行后续操作。

(3)运行人员严格执行交接班制度,交班人员应在交办完成后方可离开工作岗位,做好衔接,不可缺岗、脱岗。

9.5　运行操作指令图

9.5.1　指令执行流程图

信息化及自动化管理指令执行流程图如图 9-1 所示。

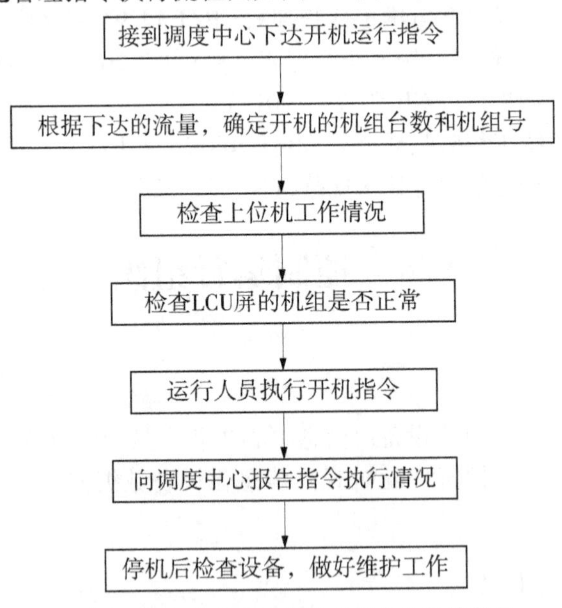

图 9-1　信息化及自动化管理指令执行流程图

9.5.2　控制操作流程图

信息化及自动化控制操作流程图如图 9-2 所示。

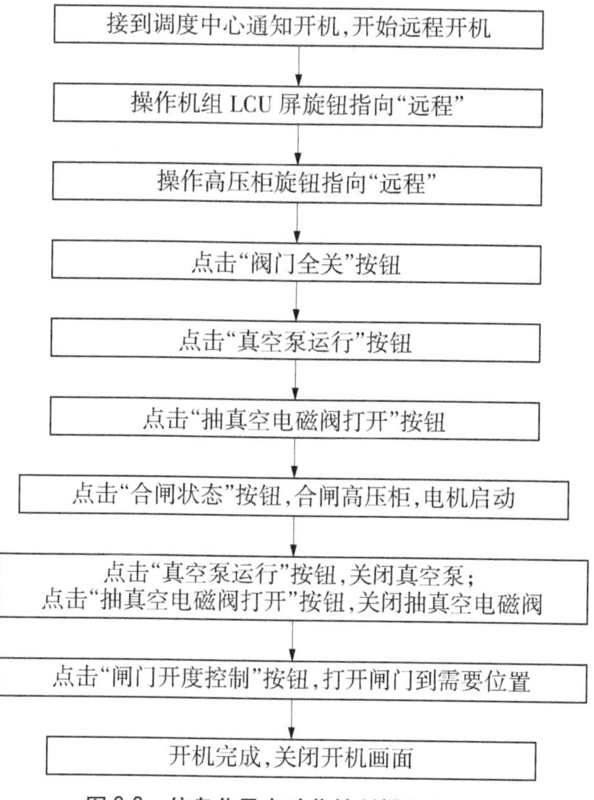

图 9-2　信息化及自动化控制操作流程图

9.5.3　运行检查项目及要求

9.5.3.1　上位机检查

(1)检查机箱连线是否正确。

(2)检查系统有无报错提示。

(3)检查液晶屏显示是否正常。

9.5.3.2　PLC 机柜检查

(1)检查 PLC 机柜是否保持良好的冷却、机柜风扇是否正常运转。

(2)检查线路是否牢固,是否有松动。

(3)检查 BAT 电池指示等是否亮起。

9.6　运行管理要求

根据生产实际情况,设备运行期间严格遵守相关规章制度,按照规定要求对设备设施进行检查,及时处理运行故障和突发事件,确保生产安全、人员安全、财产安全。

9.6.1　运行管理有关规章制度

运行管理应遵守自动控制开机流程、自动化设备养护制度、安全生产责任制度。

9.6.2 非正常运行处理要求及常见问题

自动控制系统不正常运行时,值班人员应立即查明原因,尽快排除故障。如无法立即修复,应立即联系信息中心,并说明故障原因。在故障排除前应加强对设备的监视。

常见问题:网络不通;电源指示灯不亮;熔丝频繁熔断;RUN(运行)指示灯不亮;RUN指示灯亮;但RUN输出未接通、输出不工作。

9.6.3 安全和环境要求

(1)中控室干净整洁,无积尘、无异味。

(2)消防器材配备齐全,安全警示标志明显。

(3)PLC机柜干净无尘、网络畅通,无报错。

(4)上位机、软件正常运行无报错。

9.7 运行记录

运行值班记录。要求认真填写运行值班记录表。

10 输售水经营流程编制

10.1 目 的

加强用水管理,发挥工程效益,实现灌区用水“三级管理,一级收费”的输售水阳光工程,更好地服务“三农”工作。

10.2 适用范围

灌区农业灌溉配水。

10.3 编制依据

(1)《灌区农业灌溉输售水流程》。

(2)《灌区计划用水管理办法》。

(3)《灌区提水运行生产系统考核办法》。

(4)《灌区提水售水计量管理办法》。

10.4 控制运用组织

(1)人员组织。人员配置如表10-1所示。

表10-1 人员配置

序号	作业项目	现场负责人	作业人员
1	调度		
2	配水		
3	售票		
4	统计		
5	计量		
6	⋮		

(2)设备材料及工器具。设备配置如表10-2所示。

表 10-2　设备配置

序号	名称	规格	设备状态	备注
1	通信工具		良好	
2	交通工具		良好	
3	照明工具		良好	
4	信息化计量设施		良好	
5	⋮			

(3)主要工器具。常用工具如表 10-3 所示。

表 10-3　常用工具

序号	名称	规格	设备状态	备注
1	遮阳帽		良好	
2	雨衣		良好	
3	雨鞋		良好	
4	⋮			

(4)运行条件。职工专业知识达标,设备器具运行良好。

10.5　运用操作流程

10.5.1　输售水指令执行流程图

计划用水工作流程图如图 10-1 所示。

输水指令执行流程图如图 10-2 所示。

售水工作流程图如图 10-3 所示。

入渠备案流程图如图 10-4 所示。

水费收缴工作流程图如图 10-5 所示。

10.5.2　运行检查项目及要求

(1)泵站机组运行检查,要求维修养护到位,保证安全良好运行。

(2)计量设施运行检查,要求维修养护到位,保证安全良好运行。

(3)水工建筑物检查,要求维修养护到位,保证安全良好运行。

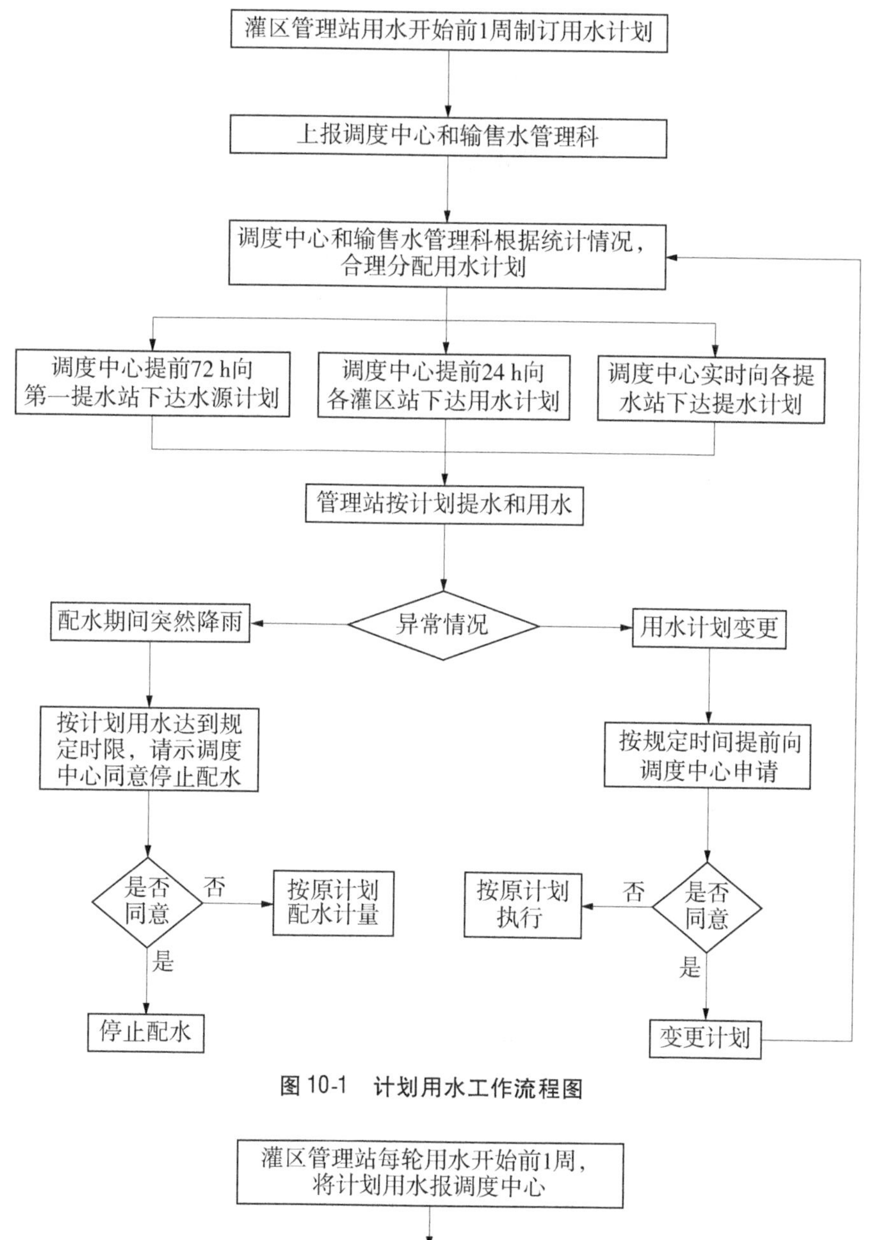

图 10-1　计划用水工作流程图

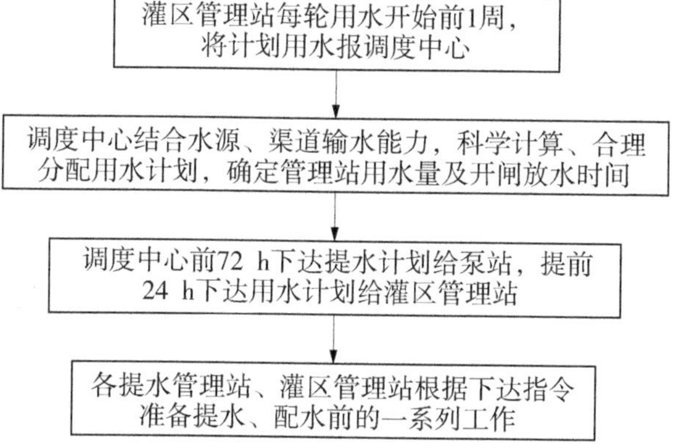

图 10-2　输水指令执行流程图

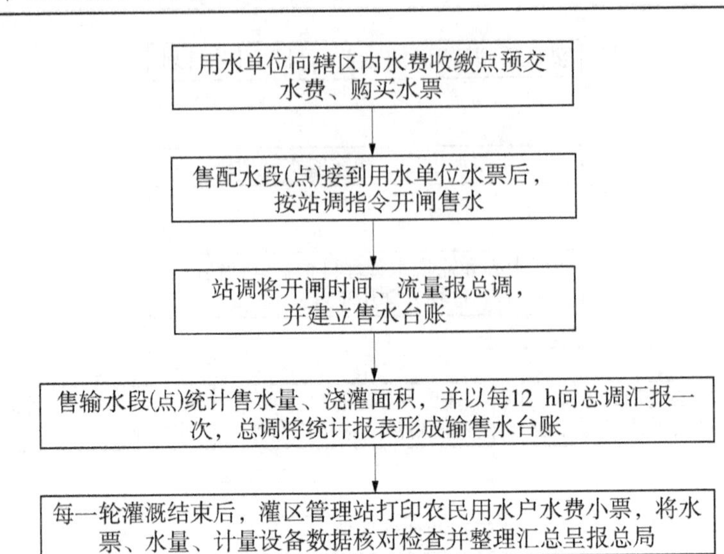

图 10-3　售水工作流程图

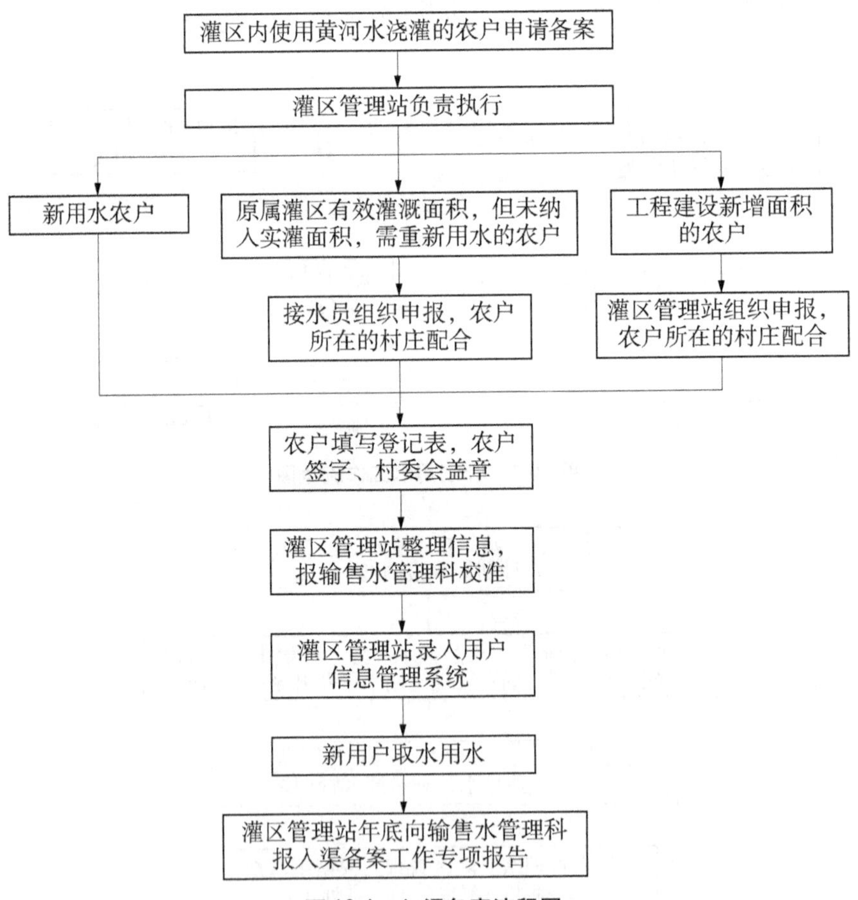

图 10-4　入渠备案流程图

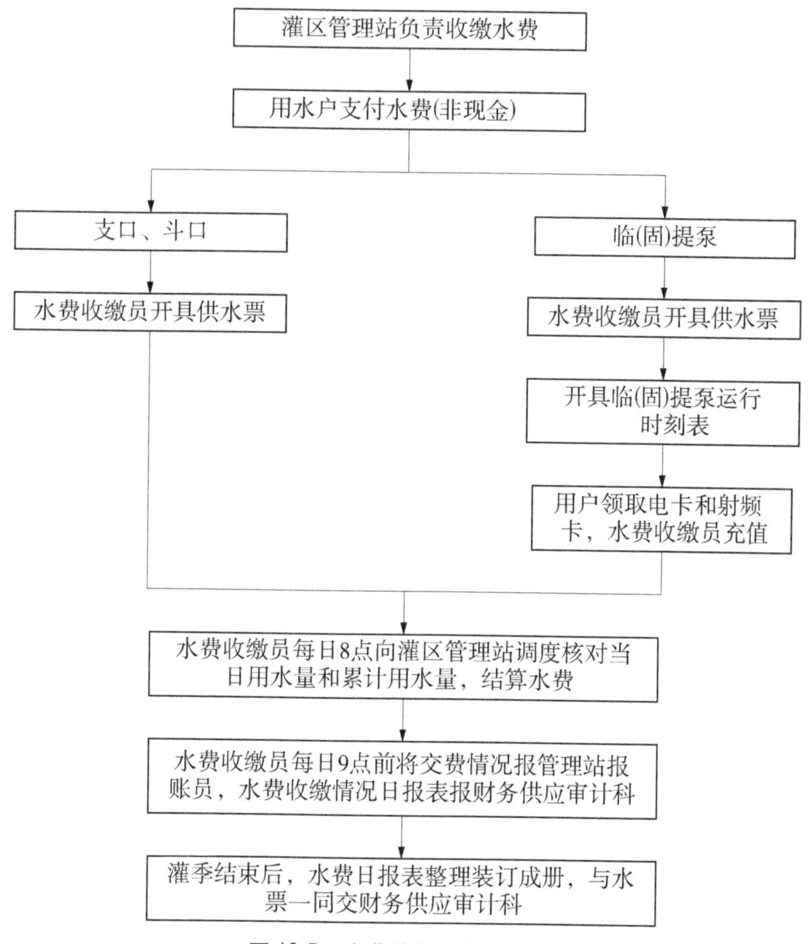

图 10-5　水费收缴工作流程图

10.6　运行管理要求

根据泵站运行规程和泵站实际情况,泵站运行期间严格遵守相关规章制度,按规定要求对泵站设备及工程设施进行检查,及时处理运行故障和突发事件,确保泵站设施安全运用。计量设施按照日常维护、定期维护和应急维护规定管理到位,并能准确计量。灌区严禁无计量取水,坚决杜绝用水结束后人为推算用水量现象。渠道及渠系建筑物日常维修养护到位,保证工程良好运行。

10.6.1　运行管理有关规章制度

输售水经营运行管理有关规章制度主要有安全生产工作制度、输售水工作三条禁令、农业灌溉售配水流程、水量调配制度、输售水管理日报告制度、入渠备案制度、抄收分离制度、临(固)提泵管理规定、计划用水管理制度、灌区提水售水计量管理暂行办法等。

10.6.2 非正常运行处理的要求及常见问题

(1)坚持“先交钱、后放水”的原则进行输售水经营,用水单位在预交水费即将用完前,输售水段(点)及时通知用水户补开水票,预购水票水量用完后要按时关闸、停机,否则按盗窃水行为处理。

(2)提水运行安全管理站要确保水源保障率不低于91%,达不到或增加保障率都与下浮或上调水源组人员奖励性绩效工资挂钩。输售水管理站在配水过程中要求按计划用水,上下浮动不超过5%。超过计划用水5%或降低5%的部分,都在实际完成的配水量中扣除,不计入考核指标完成。

10.6.3 安全和环境要求

(1)坚持“安全第一、预防为主、综合治理”的方针,认真贯彻落实《中华人民共和国安全生产法》等法律法规,确保全年安全生产工作无事故。

(2)成立安全生产工作领导组。管理站站长担任组长,严格落实各项责任,完善细化本灌区安全生产工作方案,组织开展全方位、全过程检查,确保安全生产工作目标取得实效。

(3)健全完善安全生产监管责任体系。站长为安全生产第一责任人,完善细化安全制度,明确干渠巡查、管护责任,层层分解、责任到人,确保风险及时发现,无责任类安全事故。在年底考核中实行“一票否决制”。

(4)认真开展隐患排查治理工作。安全生产隐患排查工作要认真、仔细、全面、不留漏洞,在此基础上对排查出的隐患,能处理的要及时处理。

(5)建立健全事故应急预案。事故应急预案要确保事故发生后能立即启动,保证各项工作有条不紊地开展,把事故造成的损失降到最低,并能在最短时间内恢复正常生产。

(6)加强安全生产教育工作,把安全生产教育工作贯穿管理工作始终,常抓不懈。通过在全灌区范围内开展安全生产宣传工作、召开安全生产例会、开展安全培训等方式,切实提高干部职工、灌区群众的安全意识。

(7)渠道环境标准要求:渠堤及渠道内无树枝、杂草、垃圾、乔灌木等;渠堤两侧压顶板或压顶线清晰、外露整齐、无脱落、无损坏;渠堤及渠道内无扒口;渠道内泥沙淤积量不影响正常过水能力;渠道及渠堤两侧无农作物;渠堤外坡顶线以内无乱搭、乱建、乱堆、乱放现象;渠堤两侧外坡无雨水冲刷、无鼠洞、无陷坑、无损毁;渠堤道路平整无塌陷、无损毁,巡护道路畅通;量水槽水尺位置正确,标尺清晰,上下游20 m内及观测井内无杂物、淤积,确保正常使用。

(8)管理站区内环境标准:入口醒目,有明显标志;门牌规整、无脱字掉字现象;站(区)内无杂草、无堆积、无垃圾;室内干净整洁,物件整齐,无异味;树木花草修剪整齐,无死角。

10.7 运行记录

(1)提水管理站日提水量记录表。

(2)输水管理站日配水量记录表。

(3)输水管理站用水计划记录表。

(4)输售水管理日报告记录表。

(5)总干支(斗)渠售水台账记录表。

(6)临(固)提泵售水台账记录表。

11 泵站设备设施维修养护流程编制

11.1 一般规定

第一条 工作概况

维修养护是指对已建工程经常检查发现的缺陷和问题,随时进行保养和局部修补,以保持工程及设备完整清洁,操作灵活。维修养护的主要内容包括泵站建筑物、机电设备、辅助设备、输变电系统、闸门启闭机、输水管路设施、附属设施的维修养护和物料动力消耗等。附属设施包括管理房、站内道路、围墙护栏、管理标志牌等。

第二条 实施方案编制依据

(1)《泵站技术管理规程》(GB/T 30948—2014)。

(2)《泵站安全鉴定规程》(SL 316—2015)。

(3)《水利工程维修养护定额标准》(水办〔2004〕307 号)。

第三条 工作内容及标准

(一)水泵、电动机

1. 内容

(1)水泵揭盖检查,油料、盘根、螺栓、密封垫更换,水泵、叶轮等易损部件局部修补。

(2)电动机绝缘电阻测量,电机滑环、电刷更换,电机引出线和电缆接头的检查、更换,润滑油更换。

(3)各类间隙调整,螺栓紧固,清洁喷漆。

2. 标准

水泵电动机运行正常,技术参数符合额定值,无异常振动、噪声,油质油位正常,表面清洁。

3. 周期

机组运行每 1 000 h 维护 1 次,或每灌季维护 1 次。

(二)辅助设备

1. 内容

(1)技术供水、真空管路的支管及支管阀门更换,真空泵、技术供水泵、排污泵及配电机维修或更换。

(2)行车油料更换,各类开关、限位器更换。

(3)启闭机润滑油更换,不更换主部件的维修。

(4)进出水闸阀润滑油更换,密封更换,限位器、控制开关等更换,控制回路维修;伸缩器密封更换;螺栓垫片更换。

(5)真空破坏阀、拍门维护。

(6)清污机链条少量链板、链销更换,保护装置、控制装置更换;拦污栅修补。

(7)辅助设备控制箱更换。

(8)辅助设备,螺栓紧固,清洁喷漆。

2. 标准

辅助设备运行转动灵活,无漏水、漏气、锈蚀,密封良好,开关、保护装置安全可靠,设备表面清洁。

3. 周期

每灌季维护1次。

(三)电气设备

1. 内容

(1)高压柜分合闸线圈、继电器、指示灯、转换开关、熔断器柜内照明等更换,柜体整修。

(2)低压配电柜空气开关、接触器、表计、继电器、按钮等更换。

(3)电缆:电缆头氧化处理,电缆桥架紧固,电缆沟清理,少量盖板更换;临时用电系缆更换。

(4)直流屏:蓄电池补充电解质和蒸馏水,蓄电池连接处锈蚀处理。指示灯、按钮更换,导线、熔断器、接触器等小型易损件更换。

2. 标准

电气设备运行正常,仪表指示灯显示正常,线缆接头牢固,设备表面清洁。

3. 周期

每灌季维护1次。

(四)输变电系统

1. 内容

(1)巡查线路,清除危及线路的树枝、建筑物、易燃易爆物等,横担、拉线等紧固,线路上杂物清理,绝缘子紧固、清污、更换等,铁塔除锈防腐、连接处紧固等,其他不需更换零部件的作业。

(2)变压器接线柱氧化护理,油浸式变压器补油,套管清理,不拆解变压器情况下的养护。

(3)线路断路器、隔离开关、避雷器等接头紧固、清污。

2. 标准

线路运行正常,组件完好,连接紧固,导线无断股松弛,开关设备运行正常,线路周围物体在安全距离之外。

3. 周期

每灌季维护1次。

(五)闸门启闭机

1. 内容

(1)闸门:结构件防腐层起皮、脱落的局部修复;更换变形、损伤或脱落的连接螺栓(有断裂的要查明原因);老化、变形、破损的止水橡皮更换;吊耳、锁定装置、销轴等维护;

闸门表面淤泥杂物清理。

(2)启闭机:润滑油添加、更换;设备表面清洁喷漆;设备紧固。

2. 标准

闸门启闭机启闭灵活,表面清洁,润滑充分,螺栓紧固,销轴传动灵活,锁定装置支撑牢固可靠,防腐层无脱落,止水密封良好。

3. 周期

每灌季维护1次。

(六)输水管路设施

1. 内容

输水管道露筋处理,少量漏水处理;连接钢管除锈刷漆;阀门润滑、紧固、除锈刷漆、密封止水更换。

2. 标准

输水管道无露筋、漏水,钢制件无锈蚀剥落,阀门启闭灵活。

3. 周期

每年维护1次。

(七)附属设施

1. 内容

(1)管理房门窗刷漆,墙体修补粉刷,室内局部修补。

(2)站内道路局部破损修复,路沿石少量更换,排水设施清淤修复。

(3)围墙护栏局部修补,墙体粉刷,金属结构除锈刷漆。

(4)各类标识标牌、制度牌制作安装,劳动保护用品、安全器具、检修工具采购。

2. 标准

附属设施功能发挥正常,建筑物无破损,金属结构无锈蚀损毁,标识标牌齐全规范,安全器具合格。

3. 周期

每年维护1次。

(八)泵站建筑物

1. 内容

(1)建筑物局部修补,厂房局部漏水处理,管坡、护坡修补。

(2)金属结构除锈防腐,局部修补。

(3)进出水池、进水涵洞少量清淤($<100\ m^3$)。

(4)在原有绿化基础上进行的新增或修整,日常绿化管护,绿化工器具购置,环境卫生整治等。

2. 标准

建筑物无破损,厂房无漏水,管坡护坡完好,金属结构完整无锈蚀,绿化整齐,环境整洁。

3. 周期

每年维护1次。

(九)信息化设备:设备除尘,如发现异常,应报中心主管部门。

(十)测流装置:如发现异常,应报中心主管部门。

(十一)其他可以列入维修养护的项目。

第四条 管理职责

维修养护工作由各站具体负责,站长为第一责任人,主管副站长具体负责,各站可以围绕本方案制定各站《设备设施维修养护实施细则》,成立组织机构,划分区域或类别,将设备进行责任包干,指定各类设备设施的管护人。管护人按照本方案和相关规范制度,做好设备设施管理和维修养护工作。各站安全员负责日常监督检查。

管护人工作职责:

(1)服务供水生产,确保设备设施正常运行。

(2)加强学习,掌握基本的设备操作技术。

(3)做好设备设施的日常清洁保养和巡视检查工作,如发现异常情况,应及时处理并向上级报告。

(4)若遇暴雨天气,应加强巡查;一级站人员要关注黄河水位和水闸安全状态。

(5)做好维修养护和巡查记录。

第五条 工作实施

泵站维修养护工作由各提水运行安全管理站组织实施。在巡查中,如发现问题随时进行维修养护,每年春浇供水结束和冬浇供水结束后开展全面维护。工作流程按照《泵站设备设施维修养护管理办法》执行。

第六条 经费管理

维修养护经费由供水生产经费列支,按照每年年初总局核定的各站经费总额控制,按月支出。

11.2 养护大修流程

11.2.1 目的

规范灌区渠道、泵站、变电站等工程设施设备的维护保养工作和大修工作程序,明确工作职责和要求,强化过程控制和项目管理,确保维护保养工作按规定要求实施,保持设施设备完好,运行安全可靠。

11.2.2 适用范围

工程养护和大修组织实施流程,适用于灌区输水渠道和渠系建筑物、泵站和变电站设施设备等的维护保养和大修。

11.2.3 编制依据

《泵站技术管理规程》(GB/T 30948—2014)。

11.2.4 工程维护保养项目组织流程图

工程维护保养项目组织流程图如图 11-1 所示。

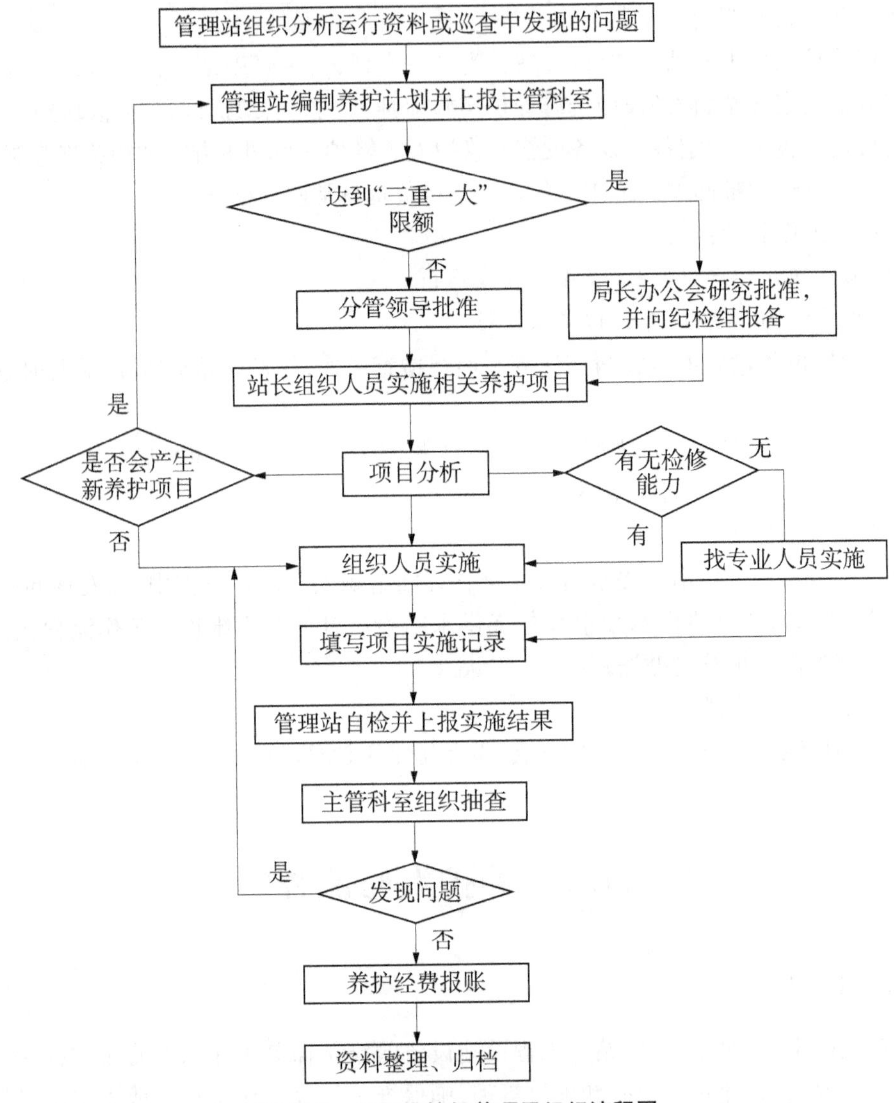

图 11-1 工程维护保养项目组织流程图

泵站设施设备维护保养周期如表 11-1 所示。

11.2.5 工程大修项目组织实施流程图

工程大修项目组织实施流程如图 11-2 所示。

11.2.6 工程应急抢修项目组织实施流程图

工程应急抢修项目组织实施流程如图 11-3 所示。

表 11-1 泵站设施设备维护保养周期

设备名称	设备分类	保养类别	保养周期	保养内容
水泵机组	水泵、电机、进出水闸阀、油气水系统	日常保养	每月 2 次	参照《泵站设施设备维修养护实施方案》
		定期保养	每灌季 1 次	
电气设备	高压柜、软启动柜、无功补偿柜	日常保养	每月 2 次	
		定期保养	每灌季 1 次	
		高压电气设备预防性试验每 2 年 1 次		
	电缆	定期保养	每年 1 次	
	防雷与接地	定期保养	每年 1 次	
		每年 1 次在雷雨季节前对避雷器与接地装置做预防性试验		
	行车	定期保养	每年 1 次	
	低压设备	日常保养	每月 1 次	
		定期保养	每年 1 次	
水闸	闸门、启闭机及金属结构	日常保养	每月 1 次	
		定期保养	每年 1 次	
	清污机	日常保养	每月 2 次	
		定期保养	每灌季 1 次	
断流装置	拍门、真空破坏阀及金属结构	日常保养	每月 1 次	
		定期保养	每年 1 次	
建筑物	混凝土建筑物	日常保养	每年 1 次	
	附属设施	日常保养	每年 2 次	

11.2.7 工作要求

（1）结合经常性检查按月申报维护保养项目，按照灌区（泵站）设施设备维护保养管理办法开展设备维护保养工作，对平时发现的问题根据轻重缓急进行处理。

（2）为保证工程养护、大修及抢修工作的有效开展，管理站要确定项目技术负责人，负责工作的组织和实施。

（3）每年春浇供水前要对电气设备集中检查维护，对输水渠道全面巡查；运行中定期对机械设备和金属结构进行维护保养，保持设备完好、清洁，随时都能正常运行。每年春季要对泵站电气设备进行 1 次试验。

（4）保养、大修和抢修项目的实施应严格遵守总局项目管理和财务管理的相关规定，履行管理程序和报批手续，加强质量、资金和安全管理。对于技术难度较大的项目，应经

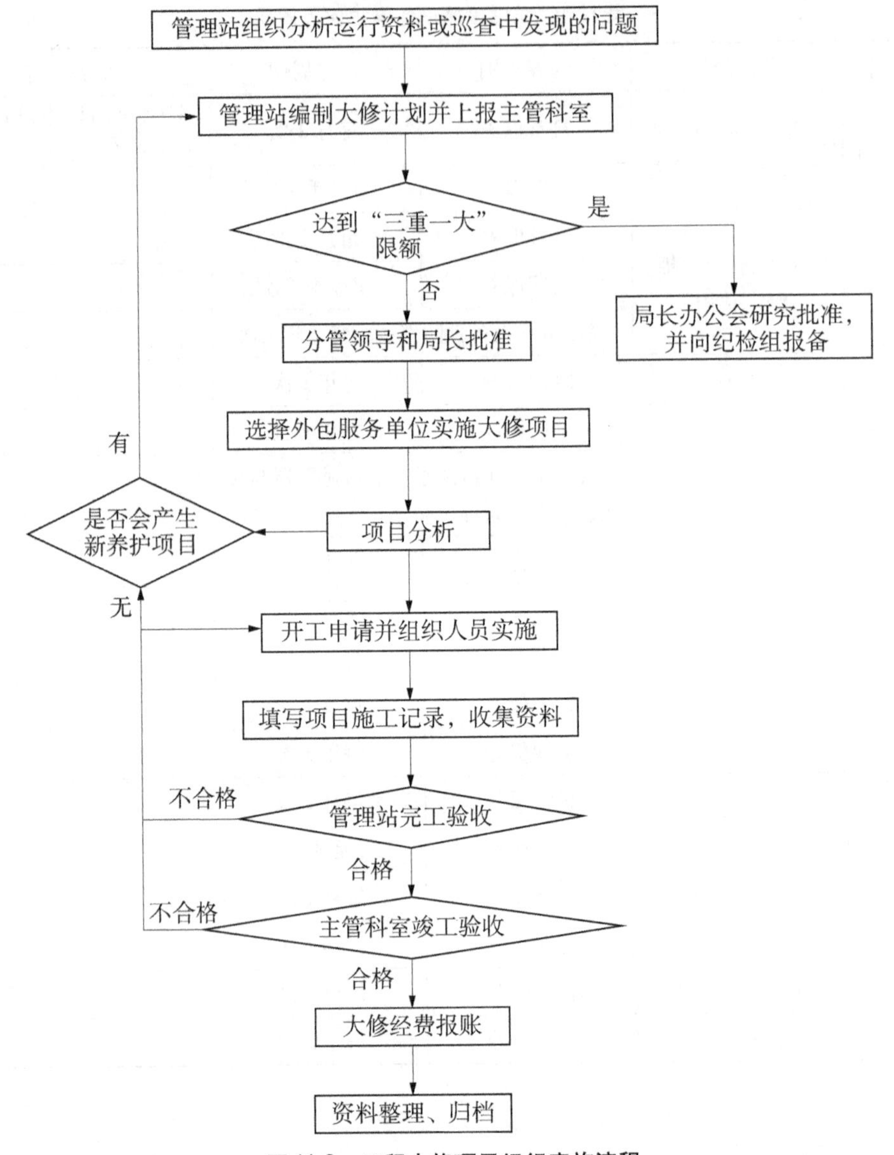

图 11-2 工程大修项目组织实施流程

中心技术委员会审查同意后实施。

(5)项目应按相关的规程规范实施，严格控制质量，实施过程应按要求进行记录，留下文字和影像资料。

(6)保养、大修和抢修项目经费实行报账制，财供科负责项目的报账工作，按相关财务制度进行支付。

(7)管理站项目管理和财务管理规定，选择采购、承包方式。维护保养项目一般由管理站组织人员实施，专业性较强的可以对外承包；大修和抢修项目由遴选的外包服务单位实施。

(8)大修项目开工前应向主管科室提交开工报告，经主管科室和分管领导批准后方

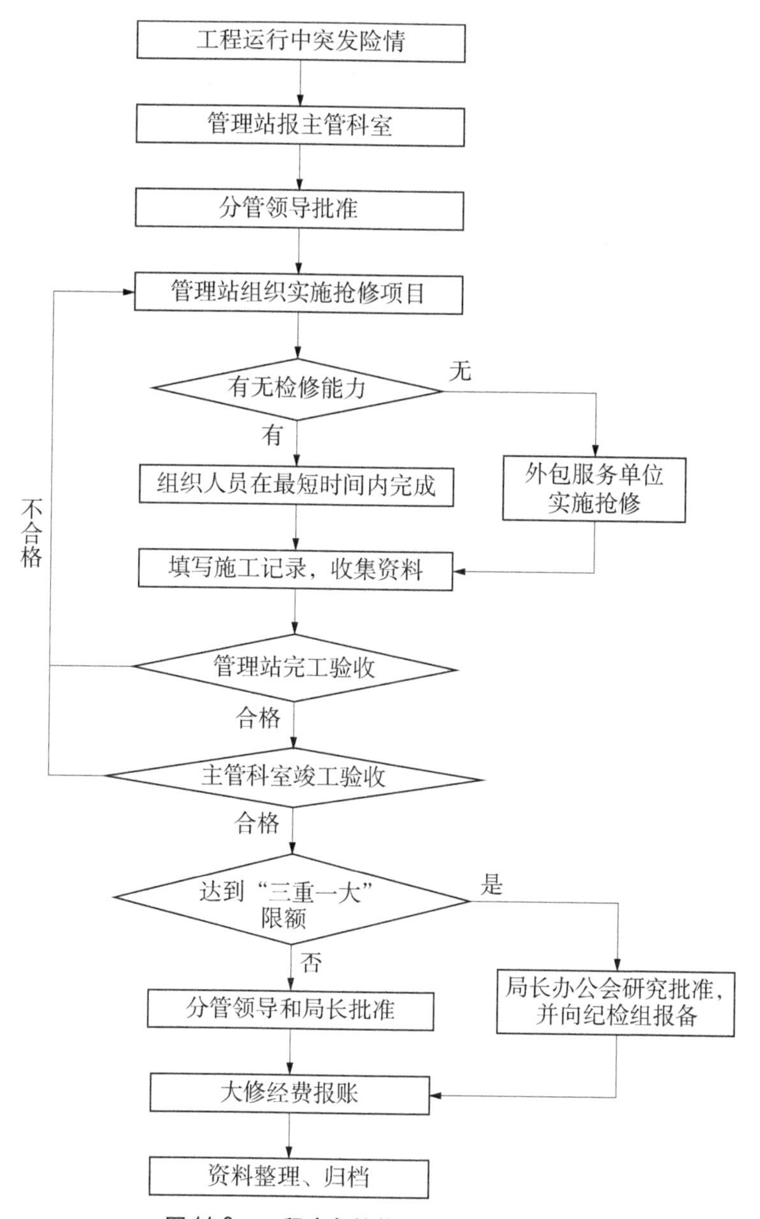

图 11-3 工程应急抢修项目组织实施流程

可开工。

(9)管理站对项目实施的进度、质量、安全、经费及资料档案进行管理。

(10)项目完成后应由管理站进行完工验收,包括资料档案验收和财务决算审核,合格后由主管科室组织竣工验收。

11.2.8 相关记录

(1)泵站检修记录、泵站设备维修管理台账。

(2)灌区日常维修记录。

11.3 泵站主机组维护保养流程

11.3.1 目的

明确主电机、主水泵维护保养工作要求，规范维护保养工作流程，促进设备保养工作有序开展，确保维护保养工作按规定要求实施，保持设备完好，随时投入运用。

11.3.2 适用范围

主电机、主水泵维护保养流程适用于泵站主电动机、主水泵及其附属设备的日常维护保养管理的作业，对主机组的外观以及易损部件进行维护保养，保持主机组外观状态及附属部件性能完好，确保主机泵状态良好，运行正常。

11.3.3 编制依据

(1)《泵站设备安装及验收规范》(SL 317—2015)。
(2)《现场设备、工业管道焊接工程施工质量验收规范》(GB 50683—2011)。
(3)《大型三相异步电动机基本系列技术条件》(GB/T 13957—2008)。
(4)《旋转电机 定额和性能》(GB/T 755—2019)。
(5)《旋转电机振动测定方法及限值 振动测定方法》(GB 10068.1—1988)。
(6)《混流泵、轴流泵技术条件》(GB/T 13008—2010)。
(7)《离心泵技术条件(Ⅲ类)》(GB/T 5657—2013)。
(8)电机安装使用说明书。
(9)水泵安装使用说明书。

11.3.4 组织措施

(1)人员组织。主机组日常维护保养由设备责任人负责，定期或不定期地对设备进行保养。较大的维护项目，由管理站统一安排实施，配备负责人、作业人员和安全员等。人员配置如表 11-2 所示。

表 11-2 人员配置

作业项目	现场负责人	作业人员
电机维护保养		
水泵维护保养		
质量安全检查		
其他		

(2)设备材料及工器具。设备材料应符合国家或部颁现行技术标准，实行生产许可

证和安全认证制度的产品，有许可证编号和安全认证标志，相关合格证等资料齐全。常用检修设备须定期检查，确保其性能良好，随时可以投入使用。易损件、消耗性材料须常备，做到随用随取。设备配置如表 11-3 所示。

表 11-3　设备配置

序号	名称	规格	设备状态	备注
1	切割机		良好	
2	电焊机		良好	
3	油枪		良好	
4	桥式起重机		良好	钢丝绳、吊具
5	⋮			

（3）主要工器具。常用工具如表 11-4 所示。

表 11-4　常用工具

序号	名称	规格	设备状态	备注
1	常用电工工具		良好	
2	万用表、摇表		良好	
3	百分表、磁性表座		良好	
4	手持电钻		良好	
5	千斤顶、手拉葫芦		良好	
6	电气安全用具		良好	绝缘棒、验电器等
7	防护设备		良好	电焊防护罩、防毒面罩等
8	测量工具及其他			

（4）主要备品件及材料。备品件如表 11-5 所示，材料如表 11-6 所示。

表 11-5　备品件

序号	名称	规格	设备状态	备注
1	碳刷		良好	
2	测温元件		良好	
3	密封圈、填料		良好	
4	管路阀门		良好	
5	分合闸线圈		良好	
6	各种螺栓		良好	
7	⋮			

表 11-6　材料

序号	名称	规格	准备数量	实际使用量	备注
1	透平油				
2	柴油				
3	钙基润滑脂				
4	绝缘清洗剂				
5	其他常用材料				
6	⋮				

(5)作业条件。工具材料准备齐全,安全防护措施完好。运行的机电设备上应有相应的工作牌,并落实安全措施。

11.3.5　泵站主机组维护保养流程图

对于维护保养项目及零星维修项目,可以在做好防护工作的情况下,直接进行项目实施并做好记录。对于较大的养护项目按图 11-4 所示流程进行。

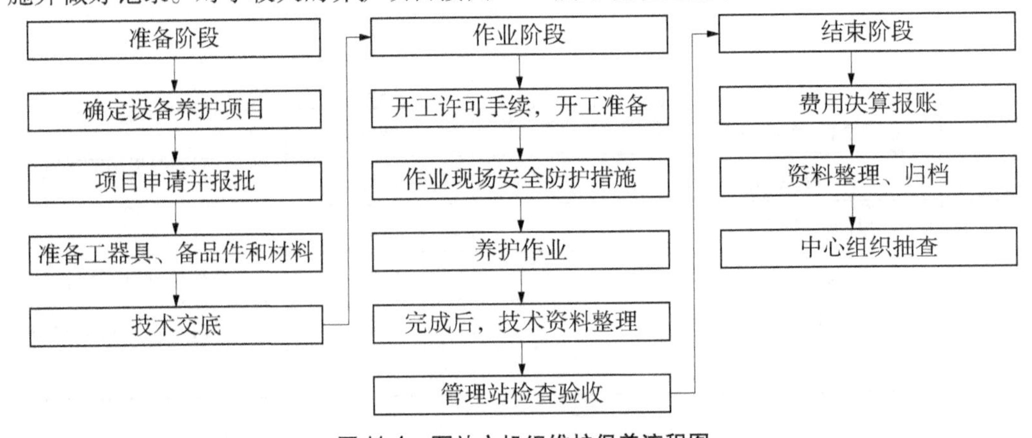

图 11-4　泵站主机组维护保养流程图

11.3.6　工作要求

(1)根据大型泵站机组安装检修规程以及其他电气、机械设备按照工艺及要求,结合厂家提供的产品说明书,对主机组进行养护,确保设备无“跑、冒、滴、漏”等现象,油质、油位正常,密封良好,机组运行状态良好,符合编制依据中相关规范要求。

(2)施工作业前,确定养护的设备及部位,对非养护设备做好保护措施,特别是同一台设备上的非养护部分。保护好拆卸下的零部件。

(3)注意环境整洁,作业区与非作业区范围清楚,标志明显。

(4)机电设备附近禁止明火,特别是油污、密闭环境应采取防护措施,不准在检修设备附近吸烟。

(5)养护过程中的各管道或孔洞口,应用木塞或盖板堵住,有压力的管道应加封盖,以防脏物、异物、泥沙掉入,或漏水、漏气、漏油。

(6)注意废油、杂物、零星材料等的回收,以免造成污染和浪费。

(7)临时照明应采用安全照明,一般安全照明电压不超过 36 V,泵井及湿度过大的场所安全照明电压不超过 12 V。

(8)临时送、停电要按程序由专人执行,防止误操作。

11.3.7 相关记录

(1)泵站检修记录。

(2)泵站设备维修管理台账。

(3)测量、试验记录。

11.4 泵站辅助设备维护保养流程

11.4.1 目的

明确辅助设备维护保养工作要求,规范维护保养工作流程,促进设备保养工作有序开展,确保维护保养工作按规定要求实施,保持设备完好,随时投入运用。

11.4.2 适用范围

辅助设备维护保养流程适用于泵站油、气、水系统主设备及其附属设备的日常维修、养护管理的作业指导,对辅助设备、管道的外观以及易损部件进行维护保养,保持设备、管道的外观状态及附属部件性能完好,确保设备状态良好,开停正常。

11.4.3 编制依据

(1)《泵站设备安装及验收规范》(SL 317—2015)。

(2)《现场设备、工业管道焊接工程施工质量验收规范》(GB 50683—2011)。

(3)《旋转电机 定额和性能》(GB/T 755—2019)。

(4)《阀门维护检修规程》(SHS 01030—2004)。

(5)《设备及管道涂层检修规程》(SHS 01034—2004)。

(6)《工业管道维护检修规程》(SHS 01005—2004)。

(7)《泵站设计规范》(GB 50265—2010)。

(8)《风机、压缩机、泵安装工程施工及验收规范》(GB 50275—2010)。

(9)《设备制造厂有关技术文件的规定》(使用维护说明书)。

11.4.4 组织措施

(1)人员组织。

辅助系统的维护保养由设备责任人负责,定期或不定期地对设备进行维护保养。较大的维护项目,由管理站统一安排实施,配备负责人、作业人员和安全员等。人员配置如

表11-7所示。

表11-7 人员配置

序号	作业项目	现场负责人	作业人员
1	油系统维护保养		
2	水系统维护保养		
3	气系统维护保养		
4	通风系统维护保养		
5	质量安全检查		
6	其他		

（2）设备材料及工器具。

设备材料应符合国家或部颁现行技术标准，实行生产许可证和安全认证制度的产品，有许可证编号和安全认证标志，相关合格证等资料齐全。常用检修设备须定期检查，确保其性能良好，随时可以投入使用。易损件、消耗性材料须常备，做到随用随取。设备配置如表11-8所示。

表11-8 设备配置

序号	名称	规格	设备状态	备注
1	切割机		良好	
2	电焊机		良好	
3	油枪		良好	
4	桥式起重机		良好	钢丝绳、吊具
5	⋮			

（3）主要工器具。常用工具如表11-9所示。

表11-9 常用工具

序号	名称	规格	设备状态	备注
1	常用电工工具		良好	
2	万用表、摇表		良好	
3	百分表、磁性表座		良好	
4	手持电钻		良好	
5	千斤顶、手拉葫芦		良好	
6	电气安全用具		良好	绝缘棒、验电器等
7	防护设备		良好	电焊防护罩、防毒面罩等
8	测量工具及其他			

(4)主要备品件及材料。备品件如表11-10所示,材料如表11-11所示。

表11-10 备品件

序号	名称	规格	设备状态	备注
1	真空泵、供水泵、排水泵备品件		良好	
2	电机备品件		良好	
3	密封圈、填料		良好	
4	管路阀门		良好	
5	各种螺栓		良好	
6	⋮			

表11-11 材料

序号	名称	规格	准备数量	实际使用量	备注
1	透平油				
2	柴油				
3	钙基润滑脂				
4	油漆				
5	各种连接件				
6	⋮				

(5)作业条件。

维护保养的范围和部位明确,备品备件和所需的工器具、安全用具、防护用具准备齐全,安全组织措施落实到位,涉及机电设备运行的应有相应的工作票。

11.4.5 泵站辅助设备维护保养流程图

对于维护保养项目及零星维修项目,可以在做好防护工作的情况下,直接进行项目实施并做好记录。对于较大的养护项目按图11-5所示流程进行。

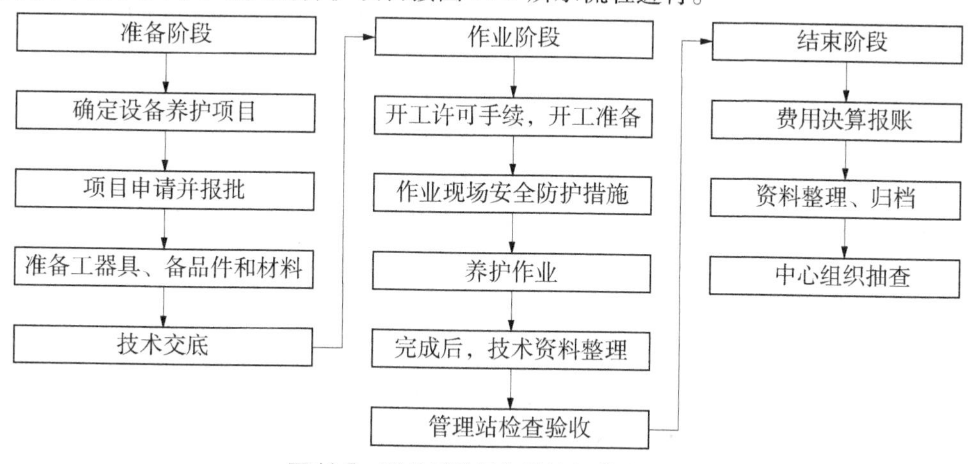

图11-5 泵站辅助设备维护保养流程图

11.4.6 工作要求

(1)根据泵站安装检修规程及机械设备安装工艺及要求,结合厂家提供的产品说明书,对泵站油、气、水系统及通风设备进行维护保养,确保各系统运行正常,设备无“跑、冒、滴、漏”等现象,油质、油位正常,密封良好,设备运行状态良好。

(2)施工作业前,确定养护的设备及部位,对非养护设备做好保护措施,特别是同一台设备上的非养护部分。保护好拆卸下的零部件。

(3)注意环境整洁,作业区与非作业区范围清楚,标志明显。

(4)机电设备附近禁止明火,特别是油污、密闭环境采取防护措施,不准在检修设备附近吸烟。

(5)养护过程中的各管道或孔洞口,应用木塞或盖板堵住,有压力的管道应加封盖,以防脏物、异物、泥沙掉入,或漏水、漏气、漏油。

(6)如在危险场所检修,应设遮拦、隔离带、安全网,对有防火要求的场所,应取得相应动火权。

(7)注意废油、杂物、零星材料等的回收,以免造成污染和浪费。

(8)临时照明应采用安全照明,一般安全照明电压不超过36 V,泵井及湿度过大的场所安全照明电压不超过12 V。

(9)对所要进行检修的设备,应切断设备水源、电源,并悬挂警示牌,临时送、停电要按程序由专人执行,防止误操作。

11.4.7 相关记录

(1)泵站检修记录。

(2)泵站设备维修管理台账。

(3)测量、试验记录。

11.5 电气设备维护保养流程(含变电站)

11.5.1 目的

明确高低压设备维护保养工作要求,规范维护保养工作流程,促进设备保养工作有序开展,确保维护保养工作按规定要求实施,保持设备完好,随时投入运用。

11.5.2 适用范围

电气设备维护保养流程适用于泵站、变电站高低压设备及其附属设备的日常维修、养护管理的作业指导,对泵站、变电站所辖高低压开关柜、主变压器、站用变压器、直流系统、无功补偿装置、电力电缆等设备的外观以及易损部件进行维护保养,保持设备的外观状态及性能完好,确保设备状态良好,开停正常。

11.5.3 编制依据

(1)《电气装置安装工程 高压电器施工及验收规范》(GB 50147—2010)。

(2)《电气装置安装工程 电力变压器、油浸电抗器、互感器施工及验收规范》(GB 50148—2010)。

(3)《电气装置安装工程 母线装置施工及验收规范》(GB 50149—2010)。

(4)《电气装置安装工程 电气设备交接试验标准》(GB 50150—2016)。

(5)《电气装置安装工程 电缆线路施工及验收标准》(GB 50168—2018)。

(6)《电气装置安装工程 接地装置施工及验收规范》(GB 50169—2016)。

(7)《电气装置安装工程 盘、柜及二次回路接线施工及验收规范》(GB 50171—2012)。

(8)《电气装置安装工程 蓄电池施工及验收规范》(GB 50172—2012)。

(9)《电气装置安装工程 66 kV 及以下架空电力线路施工及验收规范》(GB 50173—2014)。

(10)《电气装置安装工程 低压电器施工及验收规范》(GB 50254—2014)。

(11)《电力设备预防性试验规程》(DL/T 596—1996)。

(12)《3.6 kV ~40.5 kV 交流金属封闭开关设备和控制设备》(DL/T 404—2018)。

(13)《电力变压器运行规程》(DL/T 572—2010)。

(14)《电力电缆线路运行规程》(DL/T 1253—2013)。

(15)《电力安全工作规程 发电厂和变电站电气部分》(GB 26860—2011)。

(16)设备制造厂有关技术文件的规定(使用维护说明书)。

11.5.4 组织措施

(1)人员组织。

电气设备的维护保养由设备责任人负责,定期或不定期对设备进行维护保养。较大的维护项目,由管理站统一安排实施,配备负责人、作业人员和安全员等。人员配置如表 11-12所示。

表 11-12 人员配置

序号	作业项目	现场负责人	作业人员
1	高压开关柜维修养护		
2	低压开关柜维修养护		
3	变压器维修养护		
4	直流系统维修养护		
5	无功补偿装置维修养护		
6	质量安全检查		
7	其他		

(2)设备材料及工器具。

设备材料应符合国家或部颁现行技术标准,实行生产许可证和安全认证制度的产品,有许可证编号和安全认证标志,相关合格证等资料齐全。常用检修设备须定期检查,确保其性能良好,随时可以投入使用。易损件、消耗性材料须常备,做到随用随取。设备配置如表 11-13 所示。

表 11-13　设备配置

序号	名称	规格	设备状态	备注
1	移动电源盘		良好	
2	吸尘器		良好	
3	吹风机		良好	
4	照明灯具		良好	
5	电烙铁		良好	
6	⋮			

(3)主要工器具。常用工具如表 11-14 所示。

表 11-14　常用工具

序号	名称	规格	设备状态	备注
1	常用电工工具		良好	
2	万用表、摇表		良好	
3	螺丝刀		良好	
4	电气安全用具		良好	
5	防护设备		良好	
6	安全设施		良好	
7	其他		良好	

(4)主要备品件及材料。备品件如表 11-15 所示,材料如表 11-16 所示。

表 11-15　备品件

序号	名称	规格	设备状态	备注
1	按钮、指示灯		良好	
2	测温元件		良好	
3	部分紧固件		良好	
4	⋮		良好	

表 11-16　材料

序号	名称	规格	准备数量	实际使用量	备注
1	无水乙醇				
2	中性凡士林				
3	绝缘胶带				
4	尼龙扎带				
5	纱布、白布				
6	⋮				

(5)作业条件。

维护保养的范围和部位明确,备品备件和所需的工器具、安全用具、防护用具准备齐全,涉及设备运行的,应有相应的工作票,办理检修许可手续,落实安全措施。

11.5.5 电气设备维护保养流程图

对于维护保养项目及零星维修项目,可以在做好防护工作的情况下,直接进行项目实施并做好记录。较大的养护项目按图11-6所示流程进行。

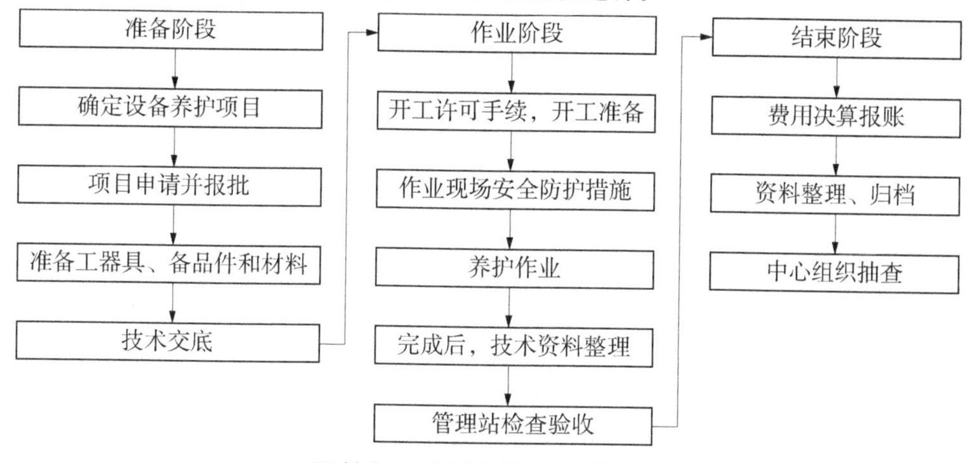

图11-6 电气设备维护保养流程图

11.6 支(斗)渠维护保养流程

11.6.1 目的

明确支(斗)渠道及渠系建筑物维护保养工作要求,规范维护保养工作流程,建立维护管理长效机制,营造“畅、洁、绿、美”的供水环境,确保工程安全、输水安全、生产安全,保证工程发挥应有效益。

11.6.2 适用范围

支(斗)渠维护保养流程适用于灌区支(斗)渠及渠系建筑物的日常维修、养护管理的作业指导,包括支(斗)渠道和进水闸、节制闸、分水闸、斗门、桥梁、隧洞、渡槽、涵洞、倒虹吸等建筑物,保持建筑的外观状态及性能完好,确保工程运行正常。

11.6.3 编制依据

(1)《灌区渠道及工程设施维护管理办法》。

(2)《灌区渠道工程维修项目管理办法》。

(3)《灌区支渠养护管理制度》。

(4)《灌区末级渠道管护制度》。

11.6.4 支(斗)渠维护保养流程图

支(斗)渠维护保养流程图如图 11-7 所示。

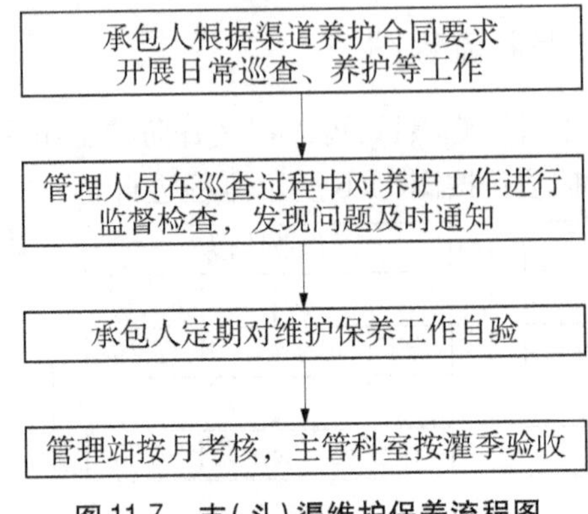

图 11-7 支(斗)渠维护保养流程图

11.6.5 工作要求

(1)支(斗)渠维护保养采用承包管理方式,服务中心按年度与承包人签订承包合同,维护保养的日常监督、考核工作由相关灌区管理站负责。

(2)各管理站做好养护单位养护工作的日常监督工作。

(3)各管理站维修养护管理人巡查过程中发现养护承包人负责范围内事件,应及时通知养护承包人实施养护,并做好记录。

(4)根据承包合同规定,每年按月和季度组织人员对灌区渠道及渠系建筑物进行考核验收。

(5)各管理站维修养护管理人应定期收集日常养护相关资料,汇总后归档。

11.6.6 相关记录

(1)灌区渠道及渠系建筑物日常养护验收检查记录表。

(2)灌区渠道及渠系建筑物日常养护季度验收检查记录表。

11.7 闸门维护保养流程

11.7.1 目的

明确闸门维护保养工作要求,规范维护保养工作流程,促进设备保养工作有序开展,确保维护保养工作按规定要求实施,保持设备设施完好,随时投入运用。

11.7.2 适用范围

闸门维护保养流程适用于灌区渠道上的进水闸、节制闸、分水闸、斗门等。

11.7.3　编制依据

(1)《灌区工程设备管理办法》。

(2)《灌区闸门操作规程》。

11.7.4　闸门维护保养流程图

闸门维护保养流程图如图 11-8 所示。

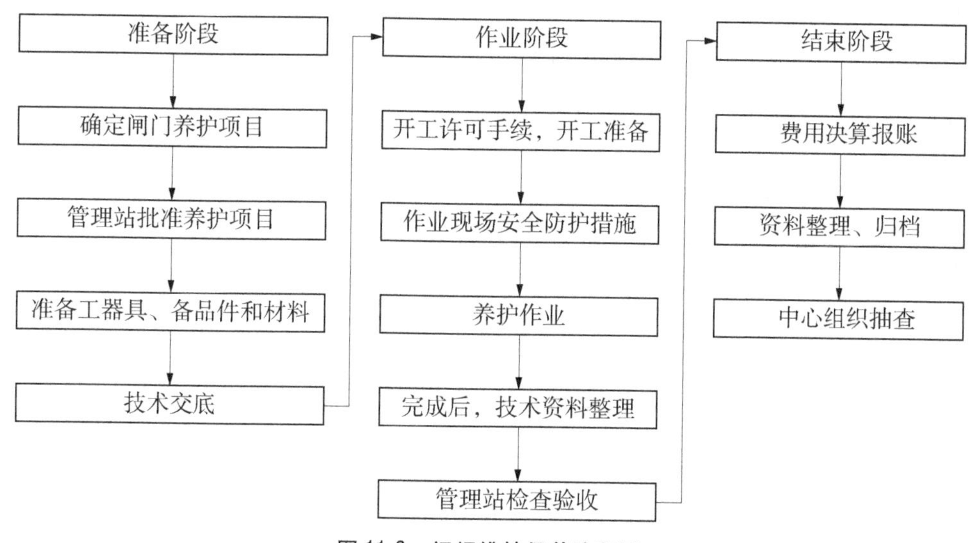

图 11-8　闸门维护保养流程图

11.7.5　工作要求

(1)灌区管理站负责干渠节制闸、干支渠和干斗渠闸门的维护保养;支(斗)渠承包人负责承包范围内的节制闸、分水闸、斗门等闸门的维护保养。

(2)管理站组织人员定期进行干渠上的闸门维护保养,承包人按照承包合同规定内容按时完成闸门维护保养工作,管理人员定期检查,如发现问题及时通知,管理站每月对闸门养护情况进行考核。

(3)闸门检查内容主要有:检查闸门动作是否灵活、是否有漏水,连接件是否松动,外表是否清洁。维护保养内容主要有:启闭机要及时加注润滑油,外壳擦拭干净;更换磨损的止水橡胶;紧固连接螺栓;闸门清洁、除锈刷漆;清理闸门周边杂草、垃圾。

(4)闸门日常养护应在管理站建立工作台账,认真填写工作记录表格。

(5)渠道及建筑物日常养护工作结束后,要进行现场清理,保持设备清洁。

11.7.6　相关记录

灌区管理站每年按月和季度组织人员按照签订合同对承包单位进行考核验收,考核结果直接与承包单位资金挂钩。

11.8 计量设施日常养护作业流程

11.8.1 目的

为了保障计量设施设备的正常运行，进行日常维护作业。

11.8.2 适用范围

各级提水站和各灌区的计量设施设备。

11.8.3 编制依据

《灌区提水售水计量管理暂行办法(试行)》。

11.8.4 计量设施设备维护保养作业流程图

计量设施设备维护保养作业流程图如图11-9所示。

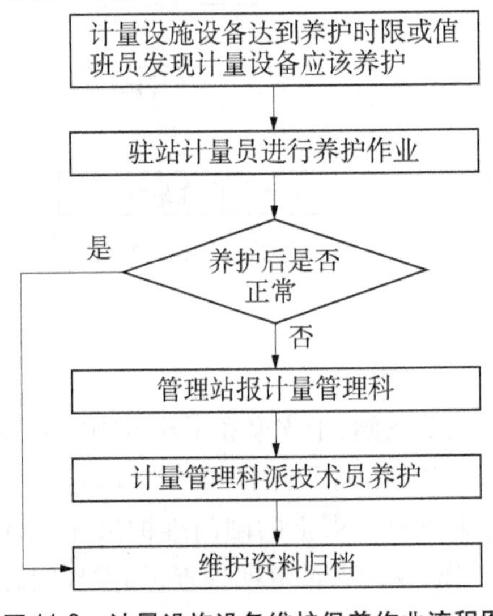

图11-9 计量设施设备维护保养作业流程图

11.8.5 工作要求

11.8.5.1 超声波和电磁流量计的维护保养

(1)定期打扫流量计内的灰尘及杂物，保持流量计机体整洁。

(2)严禁私自拆移电磁流量计设备和修改参数。

(3)遇雷电天气时，应立即关闭电磁流量计，切断所有设备电源。

(4)灌季结束后，关闭电磁流量计所有设备电源。

11.8.5.2 量水槽和明渠流量计的维护保养

(1)要及时对观测井内泥沙进行清理。

(2)定期对流量计机体内和表面的污物进行清理。

(3)当电压显示为3.75 V时,要及时更换电池(4.2 V)。

(4)使用专用充电器对电池充电,充电完成后,充电器上红灯转换为绿灯,防止过充,影响其使用寿命。

(5)灌季结束,应对流量计进行全面的维护保养。

(6)流量计长期不使用时,必须将电池取出,并进行充电维护,以延长电池的使用寿命。

(7)流量计平行放置于干燥的室内,相互不得压制叠放。

11.8.6　相关记录

引黄计量设备日常养护记录表。

11.9　信息化及自动化日常养护作业流程

11.9.1　目的

规范灌区、泵站等信息化设备工程设施长时间安全运行,明确工作职责,确保日常养护工作按照规定要求实施,确保设备运行安全可靠。

11.9.2　适用范围

根据灌区实际情况编制,适用于服务中心信息化设备,基本满足信息化设备运行管理的规定及信息管理、安全管理等要求。

11.9.3　编制依据

(1)《继电保护设备信息接口配套标准》(IEC 60870—5)。

(2)《继电保护和安全自动装置技术规程》(GB/T 14285—2006)。

(3)《继电保护和安全自动装置运行管理规程》(DL/T 587—2016)。

(4)《电力系统调度自动化设计规程》(DL/T 5003—2017)。

(5)《监控、数据采集和自动控制系统采用的定义、规范和系统分析》(ANSI/IEEE C37.1)。

(6)《视频安防监控系统技术要求》(GA/T 367—2001)。

(7)《泵站计算机监控系统与信息系统技术导则》(SL 583—2012)。

(8)《信息技术　软件生存周期过程》(GB/T 8566—2007)。

(9)《计算机软件文档编制规范》(GB/T 8567—2006)。

(10)《计算机软件可靠性和可维护性管理》(GB/T 14394—2008)。

(11)《计算机软件质量保证计划规范》(GB/T 12504—1990)。

(12)《计算机软件配置管理计划规范》(GB/T 12505—1990)。

(13)《信息安全技术　信息系统安全管理要求》(GB/T 20269—2006)。

(14)《数据中心设计规范》(GB 50174—2017)。

(15)《综合布线系统验收规范》(GB/T 50312—2016)。

(16)《水利水电工程通信设计规范》(SL 517—2013)。

11.9.4 信息化及自动化日常养护作业流程图

信息化及自动化日常养护作业流程图如图 11-10 所示。

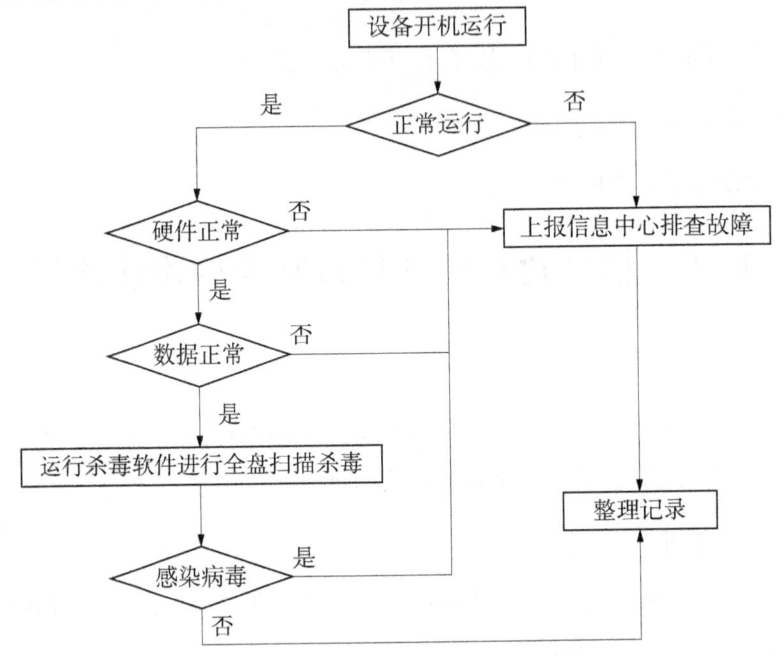

图 11-10 信息化及自动化日常养护作业流程图

11.9.5 工作要求

(1)设备运行期间每日开机要对设备进行检查维护,确保信息安全,如发现异常,及时上报信息中心协助排除故障,保证灌区、泵站设备安全正常运行。

(2)及时更新杀毒软件,确保杀毒软件病毒库为最新。

(3)维护过程中如发现设备无法使用,切勿擅自打开设备,确保设备电路安全。

11.9.6 相关记录

信息化设备保养记录。

11.10 泵站主机组大修作业流程

11.10.1 目的

明确主电机主水泵大修工作要求,规范大修工作流程,促进大修工作有序开展,确保大修工作按规定要求实施，保持设备完好，随时投入运用。

11.10.2　适用范围

泵站主机组大修作业流程适用于泵站主电动机、主水泵及其附属设备的大修作业，对主机组进行全面拆解、检查、处理，更换损坏件，修补磨损件，对主电动机水泵高程、中心、间隙、同轴度、摆度、垂直度（水平）等进行重新调整，消除主机组运行中的重大缺陷，恢复机组各项指标。

11.10.3　编制依据

（1）《泵站设备安装及验收规范》（SL 317—2015）。

（2）《泵站现场测试与安全检测规程》（SL 548—2012）。

（3）《现场设备、工业管道焊接工程施工质量验收规范》（GB 50683—2011）。

（4）《机械设备安装工程施工及验收通用规范》（GB 50231—2009）。

（5）《电力设备预防性试验规程》（DL/T 596—2021）。

（6）《大型三相异步电动机基本系列技术条件》（GB/T 13957—2008）。

（7）《旋转电机　定额和性能》（GB/T 755—2019）。

（8）《旋转电机振动测定方法及限值　振动测定方法》（GB 10068.1—1998）。

（9）《混流泵、轴流泵技术条件》（GB/T 13008—1991）。

（10）《离心泵技术条件（Ⅲ类）》（GB/T 5657—2013）。

（11）电机安装使用说明书。

（12）水泵安装使用说明书。

11.10.4　组织措施

（1）人员组织。

根据机组大修性质和复杂程度，由管理站组织人员实施或专业检修队伍实施，应配备负责人、技术人员、技工、安全员等。工作人员应精神饱满，无妨碍工作病症，特殊作业人员应持证上岗，个人安全用具齐全。人员配置如表11-17所示。

表11-17　人员配置

序号	作业项目	现场负责人	作业人员
1	电机大修		
2	水泵大修		
3	技术负责		
4	质量安全检查		
5	其他		

（2）设备材料及工器具。

设备材料应符合国家或部颁现行技术标准，实行生产许可证和安全认证制度的产品，有许可证编号和安全认证标志，相关合格证等资料齐全。常用检修设备须定期检查，确保其性能良好，随时可以投入使用。易损件、消耗性材料须常备，做到随用随取。设备配置如表11-18所示。

表11-18　设备配置

序号	名称	规格	设备状态	备注
1	切割机		良好	
2	电焊机		良好	
3	油枪		良好	
4	桥式起重机		良好	钢丝绳、吊具
5	⋮			

(3)主要工器具。常用工具如表11-19所示。

表11-19　常用工具

序号	名称	规格	设备状态	备注
1	常用电工工具		良好	
2	万用表、摇表		良好	
3	百分表、磁性表座		良好	
4	电动工具、专用扳手		良好	
5	千斤顶、手拉葫芦		良好	
6	电气安全用具		良好	绝缘棒、验电器等
7	防护设备		良好	电焊防护罩、防毒面罩等
8	测量工具及其他			

(4)主要备品件及材料。备品件如表11-20所示，材料如表11-21所示。

表11-20　备品件

序号	名称	规格	准备数量	实际使用量	备注
1	碳刷				
2	轴承				
3	密封件、填料				
4	管路阀门				
5	分合闸线圈				
6	各种螺栓				
7	⋮				

表 11-21　材料

序号	名称	规格	准备数量	实际使用量	备注
1	透平油				
2	柴油				
3	钙基润滑脂				
4	无水乙醇				
5	其他常用材料				
6	⋮				

(5)作业条件。

工具材料准备齐全,安全防护设施完好。涉及机电设备运行的,应有相应的工作票,并落实安全措施。机组大修的场地布置在检修平台或电机层,各部件的吊放位置应考虑部件尺寸、重量、地面承载能力及对检修工作面和交叉作业是否有影响。安全员应负责检查大修作业现场安全工作,大修作业前和作业中应对各种脚手架、工作台、起重工具、吊具、行车等严格检查,重要起吊设备应检查试验,满足施工要求。

11.10.5　泵站主机组大修作业流程图

泵站主机组大修作业按图 11-11 所示流程进行。

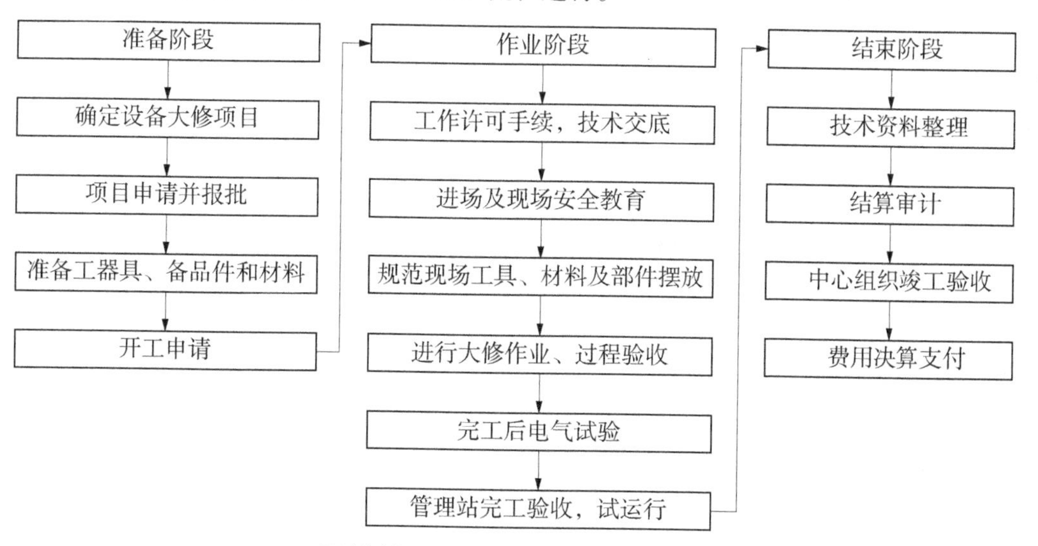

图 11-11　泵站主机组大修作业流程图

11.10.6　工作要求

(1)根据大型泵站机组安装检修规程以及其他电气、机械设备按照工艺及要求,结合厂家提供的产品说明书,确保机组大修过程中各步骤质量符合要求。大修完成后设备无“跑、冒、滴、漏”等现象,机组运行电流、电压、振动、噪声、流量等均在合格范围内。电机大修后按规程规定进行电气试验并合格。

(2)机组大修前,规划好检修区域和非检修区域,对非检修机组落实防护措施。

(3)机组拆卸下来的零部件摆放有序,部件与地面之间加防护垫,以保护地面和部件不受损伤。

(4)维修后的部件要注意防护,特别是轴颈、轴承表面要进行涂油、包裹,做好防锈、防碰损等保护工作。

(5)立式轴流机组检修过程中,要对定子、转子线圈进行保护,不得受外力损伤。

(6)零件加工面不应敲打或碰伤,如有损坏应及时修复。

(7)注意环境整洁,过道通畅,检修场地不应有零碎杂物或易燃易爆物品。

(8)检修场地禁止火种,不准在附近吸烟。

(9)要备足消防器材,对防火安全保持高度警惕。

(10)各管道或孔洞口应用木塞或盖板堵住,有压力的管道应加封盖,以防脏物、异物、泥沙掉入,或漏水、漏气、漏油。

(11)注意废油回收,以免造成污染和浪费,也利于防火。

(12)临时照明应采用安全照明,一般安全照明电压不超过36 V,泵井及湿度过大的场所安全照明电压应不超过12 V。

(13)临时送、停电要按程序由专人执行,防止误操作。

11.10.7 相关记录

(1)泵站检修记录。

(2)泵站设备维修管理台账。

(3)测量、试验记录。

11.11 渠道及建筑物大修作业流程

11.11.1 目的

明确渠道及建筑物大修工作要求,规范大修工作流程,促进大修工作有序开展,确保大修工作按规定要求实施,及时有效消除工程缺陷,保证灌区工程的运行安全及区域内人民生命和财产的安全。

11.11.2 适用范围

渠道及建筑物大修作业流程适用于灌区范围内的渠道和渠系建筑物(进水闸、节制闸、分水闸、斗门、桥梁、隧洞、渡槽、涵洞、倒虹吸等)的大修作业,消除工程运行中的重大缺陷,恢复工程正常运行。

11.11.3　编制依据

(1)《中华人民共和国建筑法》。

(2)《中华人民共和国招标投标法》。

(3)《中华人民共和国政府采购法》。

(4)《工程建设项目招标范围和规模标准规定》。

(5)《招标投标法实施条例》。

11.11.4　渠道及建筑物大修作业流程图

渠道及建筑物大修作业流程图如图11-12所示。

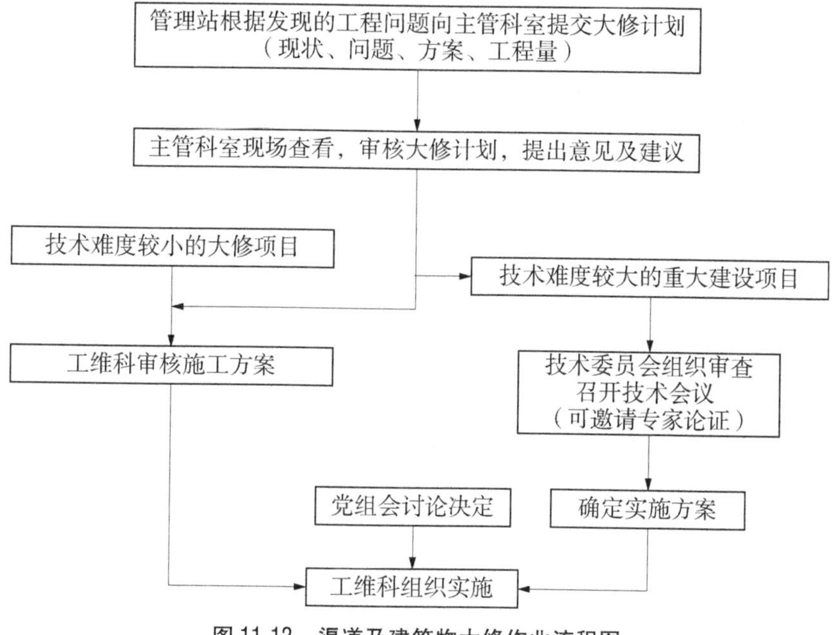

图11-12　渠道及建筑物大修作业流程图

11.11.5　工作要求

(1)灌区管理站对发现的工程问题进行汇总报告。

(2)各管理站针对大修工程，提出修复方案，经审核后，按程序招标，工维科组织并实施大修工作。

(3)工程大修过程中，维修养护岗和工程维修负责岗必须加强工程大修质量的监督检查。

(4)工程大修结果必须符合国家相关法律法规及工程相关验收标准。

11.11.6　相关记录

大修计划、工程大修方案、招标投标资料、工程验收资料等。

11.12 计量设施设备大修及应急抢修作业流程

11.12.1 目的

明确计量设施设备大修工作要求，规范大修工作流程，促进大修工作有序开展，确保大修工作按规定要求实施，保持设施设备精度和可靠性。

11.12.2 适用范围

各级提水站和各灌区的计量设施设备。

11.12.3 编制依据

《灌区提水售水计量管理暂行办法（试行）》《灌区计量设备管理制度》。

11.12.4 计量设施设备大修作业流程图

计量设施设备大修作业流程图如图 11-13 所示。

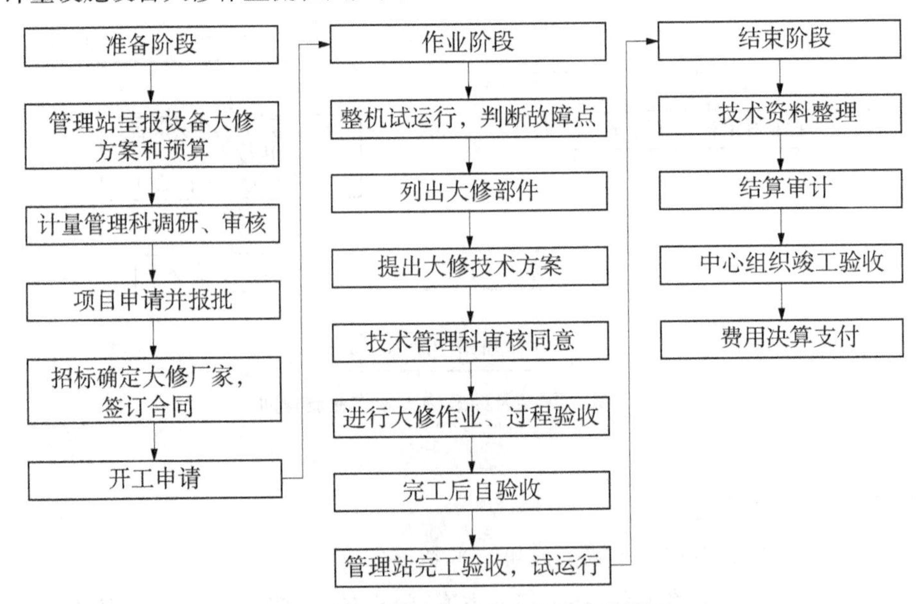

图 11-13　计量设施设备大修作业流程图

11.12.5 计量设施设备应急抢修工作流程图

计量设施设备应急抢修工作流程图如图 11-14 所示。

11.12.6 工作要求

各级泵站和灌区站，认真核查各种设施设备存在的问题，提出大修计划，计量管理科

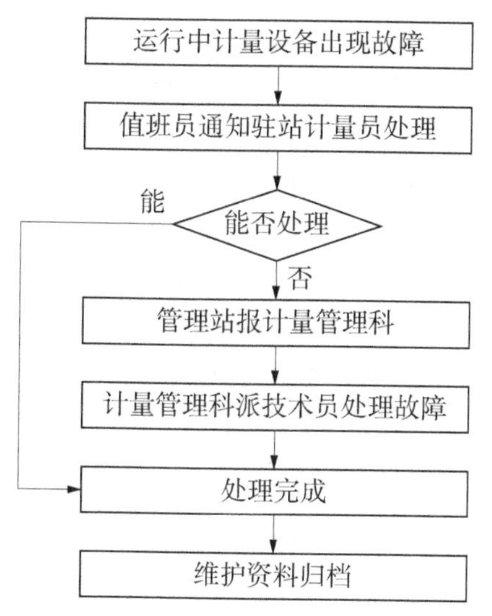

图 11-14 计量设施设备应急抢修工作流程图

严格审查,报请中心批准后,进行大修作业,通过验收方可投入运行。

11.12.7 相关记录

计量设施设备大修记录表。

11.13 信息化及自动化大修作业流程

11.13.1 目的

明确信息化及自动化系统大修工作要求,规范大修工作流程,促进大修工作有序开展,确保大修工作按规定要求实施,保持信息化及自动化系统安全可靠运行。

11.13.2 适用范围

机关、灌区和泵站的信息化设备大修。

11.13.3 编制依据

(1)《继电保护设备信息接口配套标准》(IEC 60870—5)。

(2)《继电保护和安全自动装置技术规程》(GB/T 14285—2006)。

(3)《继电保护和安全自动装置运行管理规程》(DL/T 587—2016)。

(4)《电力系统调度自动化设计规程》(DL/T 5003—2017)。

(5)《监控、数据采集和自动控制系统采用的定义、规范和系统分析》(ANSI/IEEE C37.1)。

(6)《视频安防监控系统技术要求》(GA/T 367—2001)。

(7)《泵站计算机监控系统与信息系统技术导则》(SL 583—2012)。

(8)《水利信息网命名及 IP 地址分配规定》(SL 307—2004)。

(9)《信息技术 软件生存周期过程》(GB/T 8566—2007)。

(10)《计算机软件文档编制规范》(GB/T 8567—2006)。

(11)《计算机软件可靠性和可维护性管理》(GB/T 14394—2008)。

(12)《计算机软件质量保证计划规范》(GB/T 12504—1990)。

(13)《计算机软件配置管理计划规范》(GB/T 12505—1990)。

(14)《信息安全技术 信息系统安全管理要求》(GB/T 20269—2006)。

(15)《数据中心设计规范》(GB 50174—2017)。

(16)《综合布线系统验收规范》(GB/T 50312—2016)。

(17)《水利水电工程通信设计规范》(SL 517—2013)。

11.13.4 信息化及自动化大修作业流程图

信息化及自动化大修作业流程图如图 11-15 所示。

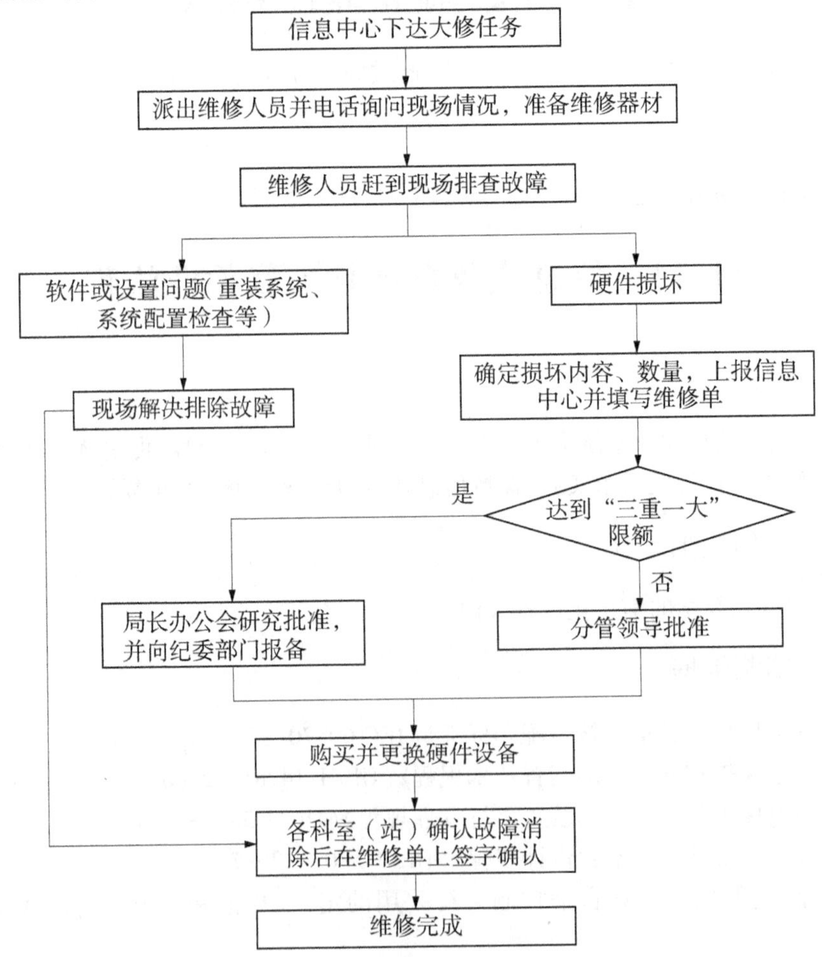

图 11-15 信息化及自动化大修作业流程图

11.13.5 工作要求

（1）信息中心接到各科室（站）维修需求后，要迅速找出故障原因，可以远程协助排除故障的应当立即排除故障，确保灌区信息化设备安全可靠运行。

（2）大修需要更换硬件的项目，实施中应严格遵守总局的项目管理和财务管理相关规定，履行管理程序和报批手续，加强质量、资金和安全管理。

（3）维修完成后需填写维修单，并由使用各科室（站）签字确认，确保故障排除。填单后由信息中心保管归档。

11.13.6 相关记录

（1）信息化设备维修记录。

（2）信息化设备购买申请单。

12 管理制度编制

12.1 泵站运行管理制度

第一条 运行值班制度

(1)值班人员按程序准时办理交接班手续。

(2)严格执行调度正确合理指令,按时开、停机,如遇特殊情况不能执行的,及时向调度说明情况。

(3)严格遵守安全操作规程,杜绝违章操作,认真填写操作记录。

(4)严格按照巡视路线完成设备巡视及运行数据监测工作,并做好设备巡视、监测、记录工作(1 次/2 h),确保设备运行安全。设备发生异常时,应及时处理。发生设备、人身安全等重大事故时,应立即采取应急措施,并向有关部门汇报。

(5)值班人员要按时填写值班记录、运行记录和巡查记录,并要求记录清楚、正确、详细。

(6)值班室、控制室、厂房内等工作场所严禁吸烟、玩游戏、打牌、看电视等与工作无关的事宜,值班期间不得饮酒。

(7)值班期间,不得迟到早退,不得擅离职守,不得随意换岗、顶岗,不准睡觉。严格履行请销假手续。吃饭须轮换,严禁无人在岗值班。

(8)值班人员应着装整齐,不准穿背心、短裤、裙子、拖鞋和高跟鞋值班;女职工在当班时不准长发披肩。

(9)保持值班室清洁卫生,每天交接班前由交班人员打扫值班室,包括地面、桌椅柜子、各类台面、室内设备等,由接班人员检查(值班室、高低压室内使用吸尘器打扫,不得使用扫帚,避免扬尘;高压室地面使用甩干拖布清理),每月组织一次厂房全面大扫除;每灌季组织一次电气设备内部除尘清扫。

第二条 交接班制度

(1)交接班工作由各班班长负责完成。

(2)接班组必须提前 10 分钟进入值班室,交班组提前做好交班准备工作。

(3)接班前,交班组与接班组一起巡视机电设备运行情况、卫生情况,并记入值班记录的运行记事栏,双方人员在值班记录、机电运行记录的相应处签字确认。交接工作完成后,交班人员方可离开。

(4)交接班时,双方人员要在值班运行记录本上签到和签退,一方未签字或签字人员不全(请假人员除外),另一方不得交班或接班。值班签字要写全名,不得代签。

(5)如果接班人未能按时接班,交班人应电话联系并报告站领导,并继续履行值班责任,不得离开工作岗位。

(6)在交接班过程中,如发生倒闸操作或事故异常情况,由交班人员负责处理,接班人员协助;完成交接班手续后,交班人员尚未离开,如发生倒闸操作或事故异常情况,由接班人员进行处理,交班人员协助。

(7)交班人如果发现接班人有饮酒或身体明显不支的情况,交班人不得交班,立即向站领导报告。

第三条 开停机制度

(1)运行人员开机前要做好一切准备工作(检查油位、技术供水、仪表指示,电气绝缘测定,水泵盘车,观测前池水位等)。

(2)严格执行调度命令,及时开、停机,确保开停机及时率100%,开、停机操作完成后做好记录并向调度报告。

(3)机组运行应尽可能保持正常水位运行,当水位过低引起机组出水量下降、机组出现振动时,应立即请示调度停机。

(4)如需高水位运行,应安排专人监测水位。若水位高过警戒线,应及时请示调度加机。

(5)如需机组压闸运行,要做好压闸运行记录并密切注意机组运行情况,尽量减少压闸运行时间,每日不超过3次,每次不超过5 h。

(6)运行过程中,若机组出现振动、出水量急剧下降等异常情况,应立即请求调度停机检查。

(7)运行过程中,如出现设备或人员伤亡等重大事故,可不请示调度由运行班长直接下令停机,再向调度及提水运行安全管理科报告。

第四条 设备巡查制度

(1)为保证机电设备正常运行,各班组应定时定期对机电设备进行现场巡查,及时发现安全隐患并处置,同时做好记录。

(2)机电设备巡查主要内容:

①监视电动机的电流、电压、温度、水泵流量等是否正常,如有异常,应分析原因并采取相应措施。

②检查轴承的润滑及温度是否正常,检查技术供水系统运行是否正常。

③检查进出水管道、闸阀、清污机等设施是否正常。

④检查配电系统各项指标是否正常,及时处理各种接触不良现象。

⑤定期对高压供电线路进行检查,处理隐患。

(3)运行的设备值班员每2 h巡查一次,停运的设备每季度进行一次全面巡查,并及时处理巡查发现的问题。

第五条 事故发生后值班人员要保持冷静,按《事故应急预案》《生产安全事故处理制度》和有关规定操作,采取积极有效的安全措施,防止事故危害扩大,出现人员伤亡要及时抢救。

第六条 按照《引黄泵站设备设施维修养护管理办法》,加强机电设备的维护保养,保证机电设备完好率和出勤率。

第七条 工程大修项目组织实施流程如图12-1所示。

(1)设备设施出现故障、缺陷时,值班长应及时报告站长,站长组织人员分析原因,确

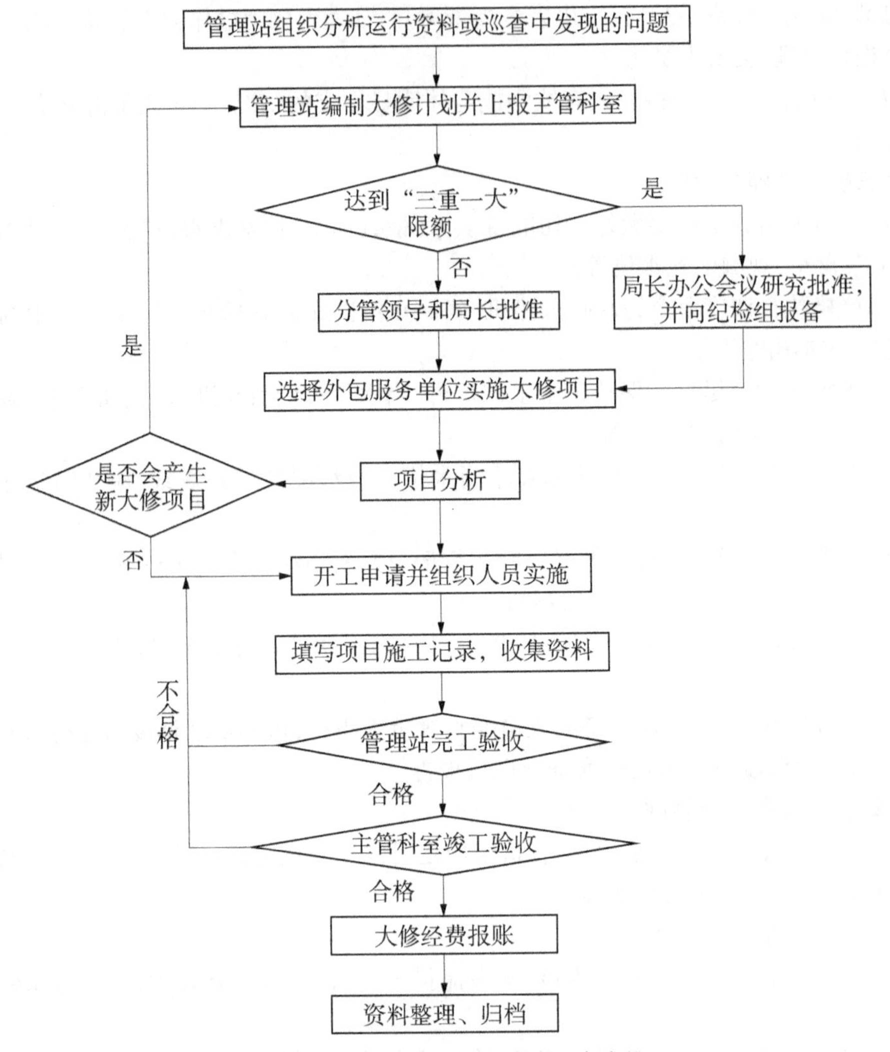

图 12-1　工程大修项目组织实施流程

定解决方案，向提水运行安全管理科提交大修报告和大修预算。

(2)提水运行安全管理科审核并经分管副局长同意后，由遴选的施工企业报价。10 000元以上的大修项目，提水运行安全管理科比选后呈报局长办公会议研究。

(3)遴选出的施工企业实施大修项目，服从各站现场管理。各站要确定大修负责人和现场安全员，负责监督和指导大修过程的工艺、质量、进度、安全等工作。

(4)质量验收实行施工企业、管理站、中心三级验收。大修完成后，先由施工企业自检，再由管理站完工验收和试运行，中心组织相关科室进行竣工验收合格后大修项目正式完成。

(5)大修项目按照“谁实施、谁决算”的原则，填写决算表报提水运行安全管理科，领导审批后以实结算。超出预算的项目由提水运行安全管理科呈报局长办公会议研究决定。

第八条　泵站所有人员认真学习和遵守各项工作制度，熟练正确使用各类安全防护用具，杜绝“三违”现象，规范操作，安全运行。

第九条 事故应急演练每年举行2次,消防演练每年举行1次,所有人员熟练掌握应急处置措施和消防器材使用方法。

第十条 严格做好易燃易爆物品的管理,专人保管,分类存贮,进行出入库登记。消防器材按规范定点放置,设卡登记,专人管理,每月检查1次,使用过或不符合要求的消防器材及时更换。

12.2 泵站安全生产制度

12.2.1 泵站安全生产责任制度

第一条 为了履行好安全生产监管职责和主体责任,并将安全生产责任逐级分解,做到职责明晰、任务明确、措施到位,特制定本制度。

第二条 安全生产要按照"谁主管、谁负责"的原则,严格落实"一把手"负责制和安全生产"一票否决"制。

第三条 各站建立健全安全生产领导小组,组长由站长担任,兼职安全员和消防员不少于1名。

第四条 安全生产领导小组责任:带领本单位职工学习安全规程和消防知识,做好安全生产的宣传、教育和技术培训工作,规范人员持证上岗管理,增强全体职工的安全意识,制止"三违"(违章指挥、违章操作、违反劳动纪律)现象,每月开展1次安全综合检查,总结安全工作。

第五条 安全生产领导小组组长职责:对本单位安全生产具体负责,是本单位安全生产的直接责任人。

第六条 班(组)长主要职责:组织本班组职工学习安全生产规章制度,监督职工严守劳动纪律和规章制度。落实好各类安全措施,检查消防器材和安全设施,及时消除隐患,及时整理工作场所,保持清洁,文明生产。

第七条 安全员和消防员主要职责:协助领导组织本单位人员学习安全生产知识、安全技术、规章制度,经常检查建筑、机电设备和工作地点安全状况,协助领导分析本单位的安全生产情况,并对事故隐患提出预防性措施和建议。

第八条 一般职工安全生产主要职责:自觉遵守安全生产规章制度和劳动纪律,不违章作业,并随时制止他人违章作业。正确使用和爱护机电设施、安全用具和个人防护用品。积极参加安全生产各项活动,主动提出改进安全生产工作的意见,真正做到"三不伤害"(不伤害自己、不伤害别人、不被别人伤害)。

12.2.2 泵站安全生产例会制度

第一条 为切实加强安全生产日常管理,认真落实安全生产目标责任制,有效地防范生产安全事故的发生,特制定本制度。

各站每周召开一次安全生产例会,由站长或分管生产的副站长主持,安全生产领导小组成员、安全员、各班长及其他人员参加会议,认真做好会议记录。

第二条 安全例会的主要内容：

(1)安全生产领导小组成员、各班长汇报上一周安全工作情况、存在问题，站领导强调注意事项，布置下一步安全工作。

(2)传达上级部门有关通知、文件精神，研究贯彻执行方案。

(3)检查上次安全会议决议事项落实情况，分析未完成原因，制定下一步措施。

(4)研究安全隐患、安全事故处理措施，通报处理结果。

(5)通报违章违纪、不良现象和不安全行为；表扬遵章守纪模范行为。

(6)其他有关安全生产事项。

第三条 根据工作需要，可随时召开安全生产工作专项会议，研究部署安全生产专项整治工作或其他有关安全生产的重要事项。

第四条 各站应开展班前会。每班正式开始工作前，以班组为单位，宣讲安全注意事项，安排当班工作内容，鼓舞士气等。班前会由班长主持，每次5～10分钟，必要时站领导列席指导。

第五条 安全生产例会形成的决定通报全体人员。

12.3 操作票制度

第一条 为避免由于操作错误而产生的人身及设备事故，下列操作必须执行操作票制度：

(1)开、停主机。

(2)投入或切出站用变压器。

(3)投入或切出主变压器。

(4)变电站向提水站送110 kV或6 kV电源。

(5)6 kV、10 kV带电情况下断路器试合闸。

第二条 操作票由当班班长签发。操作票内容和格式应符合《泵站技术管理规程》(GB/T 30948—2014)的规定。

第三条 操作票须由2人执行，2人监护，2人操作，操作人应戴绝缘手套，户外操作时需穿绝缘鞋，监护人应对操作人按安全规程要求所实施的操作进行监督。

第四条 进行每一项操作时，首先要核准操作对象，做好安全措施。监护人要按操作票内容高声唱票，操作人员核准无误手指着被操作设备并复诵将要操作的内容，监护人确认后，操作人方能操作。操作完毕后，由监护人在该项内容相应栏内画上对号，表示该项已操作，然后进行下一项操作。

第五条 操作时，监护人要按操作票条款逐项监护操作，不能跳项、漏项，不能更换操作次序。

第六条 操作中发生疑问时，不应擅自更改操作票，应立即停止操作，并向值班长或发令人报告，确认无误后再进行操作。

第七条 执行操作票时，操作人、监护人应在操作票上签字。执行完毕后，监护人应当向发令人汇报操作时间及情况，并填写操作票内容。

第八条 操作票应按编号顺序使用,作废的操作票注明“作废”字样,已操作的操作票应注明“已操作”字样。操作票保存1年。

第九条 采用计算机监控的泵站主要设备的操作,在操作完成后应及时打印操作票并存档。若无法打印应填写操作票。

12.4 工作票制度

第一条 为保证安全工作条件和设备的安全运行,检修人员在进行检修、安装和试验时应执行工作票制度。下列情况必须执行工作票制度:

(1)高压设备停电或设置安全措施的。

(2)交流系统带电检修。

(3)低压设备带电处理事故。

(4)靠近带电设备转动部分的检修和安装工作。

(5)带电试验和测量工作。

第二条 第一种(或第二种)工作票的签发人,应由站长或站主管技术人员担任,其他人员无权签发工作票。工作票内容和格式应符合《泵站技术管理规程》(GB/T 30948—2014)的规定。

第三条 事故抢修工作可以不用工作票,但应记入值班记录中,在开始工作前必须按安全规程有关规定做好安全措施,并有专人负责监护。

第四条 工作许可人会同工作负责人到现场再次检查所做的安全措施;工作负责人应向工作班人员交待现场安全措施、带电部位和其他注意事项。工作负责人必须始终在现场履行监护职责,及时纠正违反安全的动作。

第五条 检修工作结束后按下列条件加压试验:

(1)全体工作人员撤离工作地点。

(2)将该系统的所有工作票收回,拆除临时遮拦、接地线和标示牌,恢复常设遮拦。

(3)应在工作负责人和值班员进行全面检查无误后,由值班员进行送电。

试验合格,可以办理工作票结束手续。如果不合格,仍需继续检修,还需重新按工作票要求布置安全措施。

第六条 检修结束后工作负责人将工作票退回注销,停止运行的检修设备在工作票未注销以前不得投入运行。

12.5 起重机操作规程

第一条 起重机应由专人操作,操作人员必须充分掌握安全操作规程。起重机驾驶室上应备有灭火装置,驾驶室内应铺橡胶绝缘垫,禁止存放易燃物品。

第二条 操作人员开动起重机前要严格检查,确认转动系统灵活好用,各种连接紧固件完好无损,润滑良好。

第三条 起吊重物前应对上升限位器、制动器、行程开关、钢丝绳、吊钩等进行安全检查,确认安全可靠。

第四条 正常使用前,应在空载情况下,做重复升降与左右移动实验,确认其机械传动部分、电气部分和连接部分正常可靠。

第五条 起吊重物前应确认起吊重物的质量,不准起吊超过额定起吊质量的重物。

第六条 起吊重物前应由工作负责人检查悬吊情况及所吊物件的捆绑情况,认为可靠后方准试行起吊。试吊重物距离地面 80 ~ 150 mm,检查试吊制动距离不超过 80 mm。

第七条 起吊过程中,电机发热或声音不正常时,应立即停车检查,排除故障后再使用。

第八条 起重机未停稳时,不准上下物品;起吊过程中,起重机下不准有人,不得将吊载物从其他作业者头上通过。

第九条 起重机在每次开动前,必须发出警告信号;开动及停车时应保持平稳,不能有振动现象。

第十条 起吊完毕后,必须把电源总闸拉开,切断主电源。

第十一条 非正常停车,在排除故障以前必须要挂警示牌。

第十二条 起重机不工作时,禁止把重物悬于空中。

第十三条 如发现起重机有任何损坏,应立即停车。

第十四条 正常吊运时不准多人指挥,但对任何人发出的紧急停车信号,都应立即停车。

第十五条 工作完毕,应停在指定地点,吊具应停放在高于厂房入口上沿的位置,并关掉主电源。

12.6 高压电力线路管理制度

第一条 各站负责产权范围内的高压供电线路的巡检、保护和检修工作,保证线路安全和正常运行。

第二条 各站应执行巡检制度,对所属高压线每月 1 次巡检,每年 1 次特检,如遇到大风、大雨、大雪等恶劣天气应增加 1 次巡检,确保安全用电。

第三条 巡检时沿途检查线路状况,排除存在的安全隐患;特检时要逐基登杆,检查金具导线,擦拭瓷瓶,更换损伤部件,确保线路完好。

第四条 各站要做好电力线路保护工作,严禁私自搭接,严禁破坏、拆毁电力线路的一切设施。

第五条 各站要做好架空电力线路杆号牌、警示牌和电缆标志管理工作。

第六条 线路下已有树木与导线安全距离不够的,要及时完成修枝工作;线路下有施工作业及使用起重机、挖掘机等大型机械车辆的,各站应向施工单位下达线路安全告知书,并要求设置现场安全监护人,确保电力设施不受损坏。

第七条 线路停送电应执行《工作票制度》,由调度统一指挥安排。作业现场由专人负责,坚持安全确认制,在所有可能受电部位都要挂接地线、警示牌,确保作业安全。

第八条 停送电处理

1. 计划性检修停送电处理

(1)总调度接到停电检修申请后,与电力公司联系,申请停电作业,在电力公司停电操作前，相关站停掉线路上的一切负荷。

(2)停电完成后，检修人员到施工现场进行验电，确认无电后，在检修区受电侧和可能的反电侧挂好接地线、警示牌，才能按检修规程开始检修。

(3)检修完工后，检修人员收回接地线、警示牌，彻底清查作业现场，现场负责人确认安全无误后按“谁停电、谁送电”的原则向总调度报告。

(4)总调度复核后向电力公司申请送电作业。

(5)送电完成后，站值班人员向总调度报告。

2. 紧急情况的停送电处理

(1)任何人发现高压线路出现危及人身、设备安全的紧急情况，应立即向总调度汇报，总调度核实后联系电力公司停电。

(2)发生事故停电，泵站应立即启动应急预案，报告总调度，迅速组织人员巡查线路和站内设备，分析故障原因。

(3)查明原因后向总调度报告，需要检修的由总调度向电力公司申请线路转检修。检修停送电流程按计划性检修停送电处理。

(4)电力公司通知线路异常需要停电时，总调度通知泵站停掉所有负荷，停电后按事故停电流程处理。

3. 站内操作停送电处理

(1)因工作需要进行站内停送电操作时，需经总调度同意后方可操作。

(2)停电前通知站上所有人员做好停电准备，停掉含机组在内的一切负荷，严禁带负荷停电。

(3)操作人员必须穿好高压绝缘胶鞋，戴好绝缘手套，手执干净合格的令克棒操作。停电时先停中间相，后停两边；送电时相反，要先送两边，后送中间相。

(4)送电时要确认所有负荷是否正常，严禁带负荷送电，送电时必须通知所有人员，严禁悄悄送电。送电完成后报告总调度。

12.7 仓库管理制度

第一条 仓库保持整洁，空气流通，无蜘蛛网，物品摆放整齐。

第二条 仓库由专人管理，管理制度在醒目位置上墙明示，清晰完好。

第三条 货架排列整齐有序，编号齐全，无破损。

第四条 物品分类摆放合理，物品存取应进行登记管理，详细记录。

第五条 物品按照分类划定区域摆放整齐、合理，便于存取，存取货应随到随存，随需随取。物品储存货架应设置存货卡，物品进出要遵循先进先出的原则。

第六条 仓库应有通风、防潮、防火、防盗的措施，有特殊保护要求的应有相应措施，储存物品不可直接与地面接触。

第七条 危险品应单独存放，防范措施齐全，定期检查。

第八条 照明、灭火器材等设施齐全、完好。

12.8 泵站用电管理制度

第一条 为进一步规范用电管理，提高经济性用电管理水平，特制定《引黄灌溉服务中心用电管理制度》。

第二条 本制度适用于引黄泵站的提水管理站、变电站，各分局参照执行。

第三条 各站站长为用电管理第一责任人，对本站用电负总责，对本制度的落实执行负总责。

第四条 用电管理规定

(1)6 kV 电力资源作为农业生产用电，严禁私自转供。特殊情况用于农业灌溉生产的，须由管理站向中心报批，批准后方可使用，电价按中心相关规定执行。

(2)10 kV 线路为生产检修和生活区备用电源，原则上不允许转供。特殊情况下，为保证 10 kV 线路畅通，若工厂、生活区租户使用，需向中心申请批报，批准后方可使用，电价按中心相关规定执行。

(3)批准使用的所有外接用电，管理站要签订协议并加装电表计量，确定专人抄表，按规定电价收费，规范记录，抄表人和站长签字，提水运行安全管理科监督检查，管理站收取的电费按灌季上缴中心。

(4)用电的接电工作、表计安装工作要由专业电工实施，用户所有用电应规范接线。

(5)各站要对所管辖的 6 kV、10 kV 线路及电气设备定期巡查维护，及时处理问题隐患，并做好巡查记录；用户要对范围内的用电安全负责，及时处理问题隐患，确保用电安全。

第五条 用电管理流程

用电用户向接电点的管理站提出用电申请，管理站审核同意后，由管理站向中心报批，中心复核批准后，管理站负责接电、计量、电费收缴和故障处理等日常用电相关事宜。

第六条 用电电价规定

外接用电电价按地区电网分类销售电价加收 20% 管理费，其中农业灌溉用电电价按灌区平均电价加收 20% 管理费。用电电价由中心核定。

第七条 违规处罚

(1)用户违反规定用电，一经发现，电费加倍处罚。

(2)管理站违反规定供电，追究站长及相关人员责任。

(3)电力部门稽查发现问题，所造成的一切损失及责任由各站自行承担，中心同时追究站长及相关人员责任。

(4)在用电计量、电费收缴上违反规定的，中心视不同情况予以处罚，同时追究站长及相关人员责任。

第八条 各站根据本站实际，制定相应管理细则，并落实具体责任人。

12.9 安全生产事故处理制度

安全事故指生产工作中突然发生的损害人身、设备、建筑物等，导致原生产工作中止的意外事件。

第一条 事故发生后应立即采取措施，组织抢救，防止事故扩大，消除事故对人身和其他设备的威胁，确保其他机电设备安全。

第二条 事故发生后，应及时向提水运行安全管理科和分管领导如实报告，再根据事故严重程度报告上级主管部门。

第三条 处理事故时，值班人员必须沉着、冷静，措施正确、迅速。发现对人身安全、设备安全有明显或直接的危险情况时，可停止其他设备运行。

第四条 发生事故后，要注意保护现场，将已损坏的设备隔离。不参加处理事故的人员，禁止进入事故现场。因抢救人员、国家财产和防止事故扩大而移动现场部分物件，应作出警示标记。清理事故现场时，要经事故调查组同意方可进行。

第五条 值班人员应把事故情况和处理经过记录在值班记录上。

第六条 管理单位应认真做好事故分析、处理工作，并书面做出事故报告，内容包括发生事故的单位、时间、地点、伤亡情况及事故原因分析等。

第七条 事故调查组由中心相关科室组成，遵循精简、效能的原则，对事故进行调查。事故调查组应当自事故发生之日起60日内提交事故调查报告。

第八条 事故调查组有权向有关单位和个人了解与事故有关的情况，并要求其提供相关文件、资料，有关单位和个人不得拒绝。

第九条 管理单位应按照“事故原因未查明不放过，责任人未处理不放过，整改措施未落实不放过，有关人员未受到教育不放过”的原则，认真吸取事故教训，防止事故再次发生。防范和整改措施的落实情况应当接受工会和职工的监督。

第十条 事故发生后，管理单位隐瞒不报、谎报、拖延报告，或者以任何方式阻碍、干涉事故调查，以及拒绝提供有关情况和资料的，按照有关规定，应给予责任人行政处分，情节严重的，追究刑事责任。

第十一条 对及时发现重大隐患、积极排除故障和险情、保卫国家和人民生命财产安全、避免事故发生和扩大做出贡献的，应给予表彰和奖励。对不遵守岗位责任制、违反操作规程及有关安全制度所发生的各类人为责任事故，应给予责任人批评教育和处罚。

12.10 事故应急预案

第一条 事故发生时要保持冷静，按有关规定和本预案操作。

第二条 当突然停电时，值班长要检查停电情况，判断是单机停电还是全站停电，采取应急措施后再将判断结果及处理方案报告站长及调度，值班员要做好记录。

第三条 若单机停电，先断开机组电源，手动关闭闸阀，出现倒车时要用木棒强制停止；由专人观察记录水位，投入另一台完好机组再处理故障。

第四条 若全站停电，先断开运行机组电源，手动关闭各闸阀，断开电容补偿，检查进线柜、仪表指示、保护动作等情况；将停电情况报告站长及调度，包括停电时间、水位、运行台数、流量等；由专人记录水位变化情况，及时报告调度。

第五条 厂房设备没有问题，由值班站长组织巡查线路，值班长坚守岗位。

第六条 按照上级指示处理事故。

第七条 检查其他机组,做好开机准备,报告调度。

第八条 恢复送电后及时开机,报告调度。

第九条 事故发生后要采取积极有效的安全措施,防止事故危害扩大,出现人员伤亡要及时抢救。

12.11 环境绿化管理制度

第一条 乔木养护管理标准

(1)生长正常,枝叶正常,无枯枝残叶。

(2)充分考虑树木与环境的关系,依据树龄及生长势强弱进行修剪。

(3)及时剪去干枯枝叶和病枝。

(4)适时灌溉、施肥,对高龄树木进行复壮。

(5)及时补植,力求苗木、规格等与原有的接近。

(6)病虫害防治,以防为主,精心管理,早发现、早处理。

第二条 花灌木养护管理标准

(1)生长正常,无枯枝残叶。

(2)造型美观,与环境协调;花灌木可适时开花,及时修剪残花败叶。

(3)根据生长及开花特性进行合理灌溉、施肥。

(4)及时清除杂草。

(5)及时补植,力求种类、规格等与原有的接近。

(6)病虫防治,以防为主,精心管理,早发现、早处理。

第三条 绿篱、色块养护管理标准

(1)修剪应使轮廓清楚,线条整齐,每年整形修剪不少于2次。

(2)修剪后残留的枝叶应及时清除干净。

(3)适时灌溉和施肥、防治病虫害及杂草。

第四条 草地养护管理标准

(1)草地生长旺盛、生机勃勃、整齐雅观,覆盖率≥90%,杂草率≤5%,绿期240天以上,无明显坑洼积水,裸露地及时补植、补种。

(2)根据不同草种的特性和观赏效果、使用方向,进行定期修剪,使草地上草的高度一致,边缘整齐。

(3)草地的留茬高度、修剪次数因草地上草的种类、季节、环境等因素而定,切实遵守“1/3”原则(剪掉部分不得超过原草地高度的1/3)。

(4)草地灌溉应适时、适量,务必灌好返青水和越冬水。

(5)草地施肥时期、施肥量应根据草地草的生长状况而定,施肥必须均匀,颗粒型追肥应及时灌水。

(6)及时进行病虫害防治,清除杂草。

12.12 泵站环境卫生管理制度

第一条 所有人员要遵守社会公德,禁止随地吐痰和乱扔烟头、纸屑等垃圾,要保持清洁卫生,创造良好工作环境。

第二条 站长为环境卫生第一责任人,定期检查监督制度执行情况,对违反者及时批评教育,计入班班考核。

第三条 值班室、办公室要每天清扫1次,室内要无积尘、无蜘蛛网、窗明几净,记录本、资料摆放整齐,交接班时相互检查。

第四条 厂房内及厂区每周清扫1次,厂房环境整洁卫生,底板无淤泥积水,保持设备表面无积尘、油污、淤泥;工具设备摆放整齐。厂区无杂物堆积,地面无垃圾,绿化带修剪整齐,枯枝落叶及时清理,厂区整体整洁美观。

第五条 捞草机每班冲洗1次,交班时清理干净。进水闸前无柴草壅高、无漂浮杂物垃圾,打捞的柴草应及时清运,沿途撒漏杂物应及时清理。

第六条 每次维修工作结束后,应及时清理现场。

第七条 职工车辆按划定区域整齐停放,不得在厂房内停放、充电。

第八条 厨房餐厅环境干净卫生,无异味,厨具、餐具整洁,不乱倒垃圾、污水,做好“三防”(防鼠、防蝇、防尘)工作。

第九条 厕所干净卫生,无异味,地面、便池内无垃圾杂物,无苍蝇蚊虫。

12.13 设备档案及技术资料管理制度

为了加强设备档案资料管理,做到档案资料更新及时、分类明确、资料齐全规范,特制定本制度。

第一条 技术资料指与泵站相关的所有应当归档保存的图样、说明书、电子文档、照片等技术资料,包括设备随机资料、检修资料、试验资料、设备检修记录等。

第二条 加固改造、大修等工作结束后1个月内由技术人员整理成册;运行值班记录、检修记录、巡查记录等应按年度整理成册,认真保管,保证资料的完整性、正确性、规范性。

第三条 技术档案应分类整理,装订成册,按规定编号,存放在专用的资料柜内。资料柜应置于通风干燥处,并做好防潮、防腐蚀、防虫、防污染,同时应有防火、防盗等设施。

第四条 技术档案由专人管理,人员变动时应按目录移交资料,并在清单上签字,同时由站长确认。

第五条 工程基本资料永久保存,规程规范保存现行的,其他资料应长期保存;已过保管期的资料档案,必须经主管部门、有关技术人员和站长、档案管理员共同审查鉴定,确认可销毁的,造册签字,指定专人销毁。

第六条 查阅、借阅档案应登记,查阅、借阅人员必须爱护档案,保证档案完好无损,遵守保密原则,未经有关领导同意不准复制和对外公布。

第七条 单位技术资料一般不对外,外单位一律到机关档案室查阅,需外借的应经主管领导同意,办理借阅手续,且按期如数归还。

参考文献

[1] 刘家春，杨鹏志，刘军号. 水泵运行原理与泵站管理[M]. 北京：中国水利水电出版社，2009.
[2] 张德利. 泵站运行与管理[M]. 南京：河海大学出版社，2006.
[3] 刘家春. 泵站管理技术[M]. 北京：中国水利水电出版社，2003.
[4] 大中型灌区、泵站工程管理单位定岗标准和工程维修养护定额标准实用教材[M]. 北京：中国水利水电出版社，2006.
[5] 庄中霞. 供水机电运行与维护3：供水泵站机电设备运行维护管理[M]. 北京：中国水利水电出版社，2015.